私の歩んだ
霊長類学

杉山 幸丸

はる書房

はじめに

「サル学」と呼ばれて多くの人たちに親しまれてきた霊長類学は、一九四八年に日本で始まったと言われている。二〇〇八年で六〇年になった。人間ならやっと還暦である。

その成果が学会や講演会で紹介され、著作が発表され始めた一九五〇年代の中頃、生物学科の学生だった私は感動をもって見聞きし、読んだことを鮮明に覚えている。それらをはるかに雲の上のこととして眺めていた私自身がその中にどっぷり浸かって、いつの間にか自分の研究人生の大半をそこで歩んできてしまった。主として自分の歩んだ道から見た分野全体の独自性と、抱えた問題点を拾い出しながら辿ってみたのが本書である。

霊長類学は若く、しかもユニークな分野である。動物であるサルを研究対象にするのだから基本的には自然科学の中の生物学に属するはずなのだが、「人間を考える」という面から人類学だけでなく社会科学や人文科学にもつながり、もちろん、心理学や哲学にも強い絆を持っている。これは科学の中でもほんの小さな分野の話だが、しかし、隣接分野である人類学や心理学や生物学に、さらに社会全体に広く深く、さまざまな影響を与えたことは確かだ。いや、もっと広く人間を考えるあらゆる方面に、さらに現代社会にも影響を与えた。

人々の生活を便利にしたり物価を下げたりする実学でないにもかかわらず、世界や人間を、そして自然を見る目を変えさせる一翼を担ってきたと言える。

どうしてそれが可能だったのか。自分の歩んできた道を振り返りながら、霊長類学はどうしてそんなに大きな影響力を持つことができたのか、あのときどうすればもっと広い地平を見渡せるような道を切り開くことができたのか。恥をさらけ出して分析してみれば、後に続く人たちはこれからもっと素晴らしい道を開くことができるに違いない。だから、自然科学の研究者・学生や研究チームだけでなく、たとえ小さな集団でも広く世の中でリーダーの地位にある人やこれからリーダーになる人にも、何らかの意味で「開拓」を志す人たちにも参考になることを期待している。

うっかりしていると自分の見たものを中心に、自分の見方がすべてであり、それこそが正しい唯一の見方だと人は考えがちである。しかし、自然界も含めて世の中にあるすべての現象にはいろいろな側面があり、いろいろな見方がある。自分が見ている側面以外にもいろいろな側面があると知ったとき、それぞれの見方をつなぎ合わせ、広く見渡せる眼力がつく。その眼力を養うためにこそ、小さな分野だが、その歴史、とくに見方と考え方の流れを分析してきた。

見方と考え方、それを私はここで「視点」と名づけて記述した。だから私自身の研究を材料にし、私の考えを柱にはしてきたが、自分史でも回顧録でもないつもりだ。一つの分野の方法論史、少々大げさな言い方になって語弊があるかもしれないが、思想史である。自然科学だって、その拠って立つ方法論、さらに言えば思想がどれほど重要かをおわかりいただけるのではないだろうか。そしてこれは将来へ向けた問題提起でもある。

自然科学はあらゆることに疑問を持つことから始まる。過熟したリンゴがひとりでに木から落ちるのにも「なぜだろう」と思うのはニュートンのような天才でなければ無理だろう。でも、せめて例外的な現象が出てきたときぐらいは、一般的な現象にも「なぜだろう」と考えを巡らせてもよいように思う。そのとき、複眼的な視点が効果を発揮するだろう。そんな観点からも読んでいただければ幸いである。

霊長類そのものに関心があるわけではないとおっしゃる方は、具体例の部分を読み飛ばしていただいても十分著者の意図を理解していただけるものと確信している。

＊目次

第2章◆普通か例外か――霊仙山のサル――

第3章◆神の使い――子殺しをするハヌマン・ラングール――

第5章◆大学教育への参加

第１章

霊長類学の故郷・高崎山

1＊高崎山のサルの歴史

サルにも社会がある

ＪＲで九州に入って小倉から日豊線で南に下ると――最近は飛行機での往復が多くなったが、それでもリムジンバスで日出《ひじ》を過ぎてしばらくするあたりから――、左手に広がる別府湾に突き出して緑に覆われた急峻な山が正面に見えてくる。これが海抜六二八・四メートルの高崎山である（写真1－1）。

高崎山ニホンザルの餌付けは一九五二年、アイディア市長と呼ばれた当時の大分市長・上田保さんの発案で始められた。当時から市にとっては頭痛の種であった野生ザルの畑荒らしを抑えると同時に、観光資源としても役に立たないかという一石二鳥の考えだったという。宮崎県の幸島《こうしま》とともに、日本で最初の野生ザルの餌付けだった（大西 一九五三）。

餌付けは海岸から急坂を約五〇メートル登った深い森の中にある万寿寺別院の境内で行われた。ここは昭和初年に建てられた禅寺の修行の場であり、寺の修行僧以外は稀に登山者が来るぐらいで、ほとんど人の来ない奥深い静けさに包まれた森の中だった。

ほら貝を吹いてサルを呼び寄せるという奇抜な発想による世界的にも例のない餌付けが成功し、

写真 1-1　別府側から見た高崎山の全貌（写真撮影：栗田博之さん）
別府湾から直接屹立し、深い森林に覆われている。しかし山の中を歩いてみると特定の樹種が枯死し、稚樹が育っていない。南東から南西にかけては少しなだらかで、雑木林の中に村落と畑が点在する。

一九五三年三月に高崎山自然動物園として開園すると、珍しい野生ザルが真近に見られる、手から餌を取るというキャッチフレーズで評判を呼び、観光客が殺到するようになった（写真1－2）。同年、阿蘇国立公園に編入されて天然記念物にも指定され、一九六五年にはひと月に最高二〇万人、年間一九〇万人を超えるほどの人たちが訪れるようになった。高崎山の成功を見て、全国各地で野生ザルの餌付けが始まり、一九六〇年には一般公開された野猿公園だけでも約二〇に達した（日本野猿愛護連盟 一九六〇）。最高時には三五にまで及んだという（和田

写真 1-2　手から餌をとるサル（1963 年のパンフレットより）
「野生ザルがあなたの手から餌をとります」が高崎山自然動物園のキャッチフレーズだった。残念ながらこれでは野生とは言い難い。

二〇〇八）。

気をよくした大分市は、「千匹ザル」を目標に産めよ増やせよと餌をふんだんに与え、餌付け開始の少し後では約二二〇頭だったのが、私が参加した一九五九年には「公称」六〇〇頭に達していた。公称というのは、個体識別に秀でた現場職員がいて生まれた赤ん坊の数はかなり丹念に数えていたが、それを足した数字と確実な死亡数を勘定に入れただけで、実際に数えようとはしていなかったからである。本当のところ全部で何頭になったかについては管理者の大分市は特別な関心がないようであり、私の粗雑なカウントでは五〇〇頭前後だった。

餌付けによって至近距離で観察できるようになると、目立つサルについてはその顔が覚えられるようになり、後ろ姿や、あるいはちょっとした仕草や振る舞いでも、それぞれの個体の違いが分かるようになった。こうして人間の集団に対するのと同じように、サルにも複雑な社会関係があることへの関心は急激に高まった（伊谷 一九五四）。

強かった「人間視点」への逆風

「生物の社会」という用語は一八〇〇年代の末からあったが（Espinas 1878）、それはただの集まりかアリやシロアリのコロニーのようなものを指す程度の認識だった（杉山 一九七三）。人間社会と同じように各個体を別々の存在として認識し、それら相互の関係に基づいた集団のダイナミックスが意識されていたわけではない。したがってニホンザルの研究によって動物の世界に「人間視点」が導入されたのは、世界的に見てもきわめて新鮮だったのである。だからサルの社会への関心が急速に高まったのは当然だった。まだ大学院生だった水原洋城さんが書いた『日本ザル』（一九五七年）はその最先端に位置していたと言える。

一九五六年三月、毎年開かれる日本人類学会と日本民族学会の連合名古屋大会で、伊谷純一郎さんがニホンザルのコミュニケーションについて、川村俊蔵さんがニホンザルのカルチャーについて発表したところ、会場の人類学者から激しい批判の声が出て、討論の時間が大幅に延長されたという。当時まだ学部学生だった私は、その半年後の科学雑誌『自然』一一月号と一二月号の誌上で特集が組まれ、両先輩の論文とともに肯定と否定を取り混ぜて七人の識者がコメントを書いていたのを鮮明に覚えている。

サルの研究が人類学と民族学の学会に登場しただけでなく、サルの研究に人間の視点を持ち込むというのはそれほど刺激的、かつ挑発的だったのだ。物議を醸すことを十分計算ずくで、あえて生物学関連の学会ではなく人類学と民族学の学会にぶつけたことには、研究グループのリーダーだった今西錦司さんの深い目論見があったのだろうと思う。

こうして、サルの本来の生活の場である急崖を登り降りして木の間隠れに散見される森の中のサルをじっくりと観察するのではなく、サル寄せ場に密集したサルを見て、まずは各個体を識別し、個体間の親和的、また背反的関係をデータとして収集するのが最もポピュラーな研究方法になった。各個体については微妙な個性の違いまでが認識されるようになり、こうしてサルの社会構造の詳細が次々と明らかにされていった。そして世界の人類学、動物学、心理学の注目を浴びることとなった。

欧米では、野生霊長類の行動と生態の研究がそろそろ出始めていた。そんな萌芽的研究の若手を集めて、一九六二年にアメリカのスタンフォードで長期合宿研究会が行われた。必要経費の全額が主催者負担で、日本からは水原さんが代表に指名されて派遣された。一ドル三六〇円の時代、しかも貧乏国日本からの外貨持ち出し制限はたしか五〇〇ドルだった。

しかし、主催者も参加者も基本的な生態と行動の基礎資料の集積から始めようとしていたのに、水原さんはリーダー同士の確執とか、最優位雄ジュピターと二番雄タイタンのパーソナリティとか、サルのカルチャーとか、さらには順位制社会の「英雄列伝」などに終始して、話がかみ合わなかったらしい。こうして水原さんはさっさと帰国してしまった（水原 一九六七）。日本だけでなく、世界的にもまだ異質で常識外れな視点だったのである。

もっとも、基礎的な生態学的資料であっても、そのサルの行動を理解するうえできわめて重要なのだが、いや、まずはそこから始まるのが当然なのだが、水原さんの関心からはほど遠いものだったのだろう。そして、このときの長期研究総括としての出版成果は、その後二〇年以上もの永きにわたって霊長類学の教科書として読み継がれた（DeVore 1965）。最も注目を浴びるはずだったニホンザルの章がなぜ抜け落ちているのか、当時の私には不思議でならなかった。

修士課程途中の出張命令

研究室の先輩がゴリラ調査のためアフリカに出払ってしまい、留守中に誰もいなくなるので私が高崎山に行くよう命令されたのは、修士課程の最初の年の冬の頃だった。その頃、私は京都の西郊、嵐山の野猿公園で研究を始めていたのだが、一文無しの貧乏学生は研究よりもアルバイトに追われる毎日だった。

やっと研究テーマも決まってデータ収集に集中し始めたところであり、出張命令など断ることもできたのだが、お金に目がくらんだというのが正直なところだった。高崎山に行けば大分市の嘱託として大学院生には多すぎるほどの月給が支給され、お金の心配をせずに調査に専念できるという喉から手が出るほどの環境だったのである。国立公園の一部として、博物館の学芸員的な人間が必要だったらしい。

結局、嵐山では一つの論文も記事も書かずに終わり、私が一年近く関わって、いくらかのデータを収集して群れの記録の蓄積に貢献したことさえ、嵐山の研究史からはすっぽりと忘れ去られることになってしまった（Fedigan & Asquith 1991）。

すでにサル寄せ場で誰でも観察できるような現象は一通り先輩たちが見ており、同じ場所で同じ対象を見ているだけでは新しい発見はなさそうに思えた。ときどき新しいと思う行動を観察して大学に戻って報告すると、「そんなもの僕がとっくに見ている」と先輩に言われた。「そのデータを見せていただけませんか」と頼むと、「この忙しいのにリンゴ箱一杯もあるフィールドノートをいちいち見ていられるか」と一喝されてしょげ返るのだった。今なら、「それなら僕が論文にします」と開き直るところだが、当時はそんな才覚もなかった。

サル寄せ場のサルと森の中のサル

そんな状況の中で私が考えたのは、「人間視点」という斬新な視点と、そこから生み出された餌付けと個体識別という方法にみんなが跳びついたのはよいが、サルの本来の生活の場である森の中のサルを忘れてしまっているのではないかということだった。動物にとって社会は生態現象の一部である。霊長類では社会が特別に複雑高度に発達しているので独立させて考えることもで

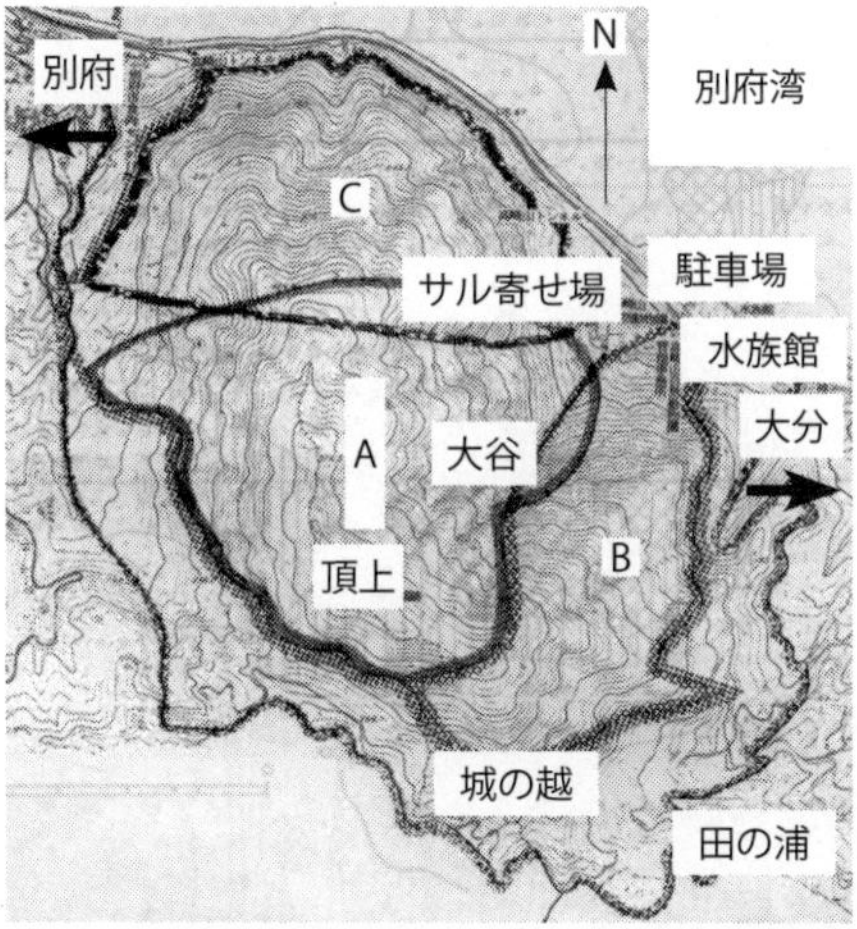

図 1-1　高崎山全図と ABC3 群の行動域
一番外側の線は国立公園特別保護地域。中央右よりの大谷は深く急峻でサルもあまり使わない危険いっぱいの地域だ。主要行動域から離れた東側の一画を第一次分裂群（B）、北側を第二次分裂群（C）が占めるようになった。サル寄せ場に来なくなった小分裂群は特別保護地域の外の村落と畑に出没する。

きるが、生態の一部であることに変わりはない。生態とは日々の行動と生活を明らかにし、それを取り巻く環境との関係を分析することによって明らかになる。

霊長類の社会に人間視点を持ち込んだことは画期的なことだったが、サルもまた生物の一種であるという視点を忘れてならないのではないか。社会だって生活の基盤である日々の生活の上に成立しているはずだ。この際、振り出しに戻って森の中のサルを見直してみよう（図1－1）。

そこで、森の中をサルと一緒に歩いて汗と泥にまみれ、藪漕ぎで体中傷だらけにしながら暗くなった山を降りる毎日を続けた。ときどきは寝袋を背負って山を登り、サルの眠っている木の下で寝ることもしてみた。その過程で気がついたのは次のようなことだった。

第一に、リーダーを中心にした同心円構造などは見られない。同心円構造とは、伊谷さんが提唱した概念で、リーダーを中心に雌や子どもたちが取り巻いて群

写真 1-3　寄せ場付近に密集したサル
狭い範囲に異常なまでに密集したサルを公園は売り物にしていた。

れの中心部をつくり、若い雄は中心部を取り巻いて周辺部で見張り役を務めるというものだった（伊谷 一九五四）。一番中心の雄がボス（リーダー）、その少し外側の雄がボス見習い（サブリーダー）、一番外回りの雄が若者と、何の定義もなく呼び習わされた。サル寄せ場ではたしかにそうだった。人工餌の撒かれるところには、大きな中老の雄と大勢の雌、それに子どもたちしかいない。若い雄はずっと離れて森との境あたりに集まったりばらばらに分かれたりしている。彼らは群れを守る〝見張りザル〟とも呼ばれた。
　しかし、森の中ではリーダーと呼ばれた大きな雄のすぐ近くを若い雄が平気で歩いているなど、それまでに読んだり聞いたりしていたこととずいぶん違うの

写真 1-4　高崎山全貌（Google-Earth より）
図 1-1 に対応している。

だった。サルにとって寄せ場は特殊な場所であることを痛感した。研究者側から見れば、寄せ場は「野生ザル」を使った野外実験室だったのだ（写真１－３）。

2＊群れ分裂の発見

分裂の兆候に気づく

そして第二に気がついたのは、サル寄せ場から一歩も出ない公園の職員たちはまったく気がついていなかったが、群れの周辺部を構成するホシ、シロ、クリという一二、三歳の逞しくなってきた若雄とそれを取り巻く雌たちが、群れの中心部から少し離れて行動していることだっ

写真 1-5　第 1 次分裂群の一番雄、ホシ（1960 年）
逞しく成長した 12、13 歳だった。

た（写真1－4）。

これに気づいたのが一九五九年三月、高崎山を登り降りするようになってまもなくのことだった。公園職員たちはほとんどの時間、サル寄せ場で餌にありつける群れの中心部しか見ていない。だから少し遅れて周辺部のサルたちが寄せ場に到着しても、あまり気にしていないのだ。森の中での採食に夢中になって、寄せ場には遅れてやってきただけのようでもある。森の中で追跡していると、ホシたちのグループは群れの主流からは少し離れている。単に群れの広がりが大きくなっているだけではないようだ。

そのうちに、群れはゆっくり採食しながら頂上付近から山の稜線を一回りしてサル寄せ場に降りてくるのに、ホシのグループは近道を辿って正面のタテベラをまっすぐに降りてくるようになった（図1―1のB群、写真1―5）。やはり寄せ場では気がついていない。

夜の帳が下り、頂上付近でサルが寝静まるのを確認してから手探りで岩のごろごろする山を降りてくる私は、やがてホシのグループが夜の泊まり場も群れの主流とは別にするようになったことを知った。六月の末から七月にかけてのことである。

この段階になって、ほぼ完全に群れが分裂したことを私は確認した。三月から始まって八月の初めまで、この間約五か月。主群は山の左岸の四分の三ほど、およそ二平方キロメートルを主に遊動し、分裂群は右岸、田の浦集落に近い一平方キロメートル弱に独立した領域を確保するに至った。逆に主群は田の浦集落方面に行くことを避けるようになった。こうしてサル寄せ場は双方が共有しているものの、そこには時間をずらせて登場し、二つの群れは行動域もほぼ分離して互いに独立した群れとなった（図1―2）。

分裂群は前述の三頭の若い雄を中心に、さらに若い成熟齢（五、六歳）から一〇歳くらいまでの雄二一頭、おとな雌一九頭と子どもたちで、まだどっちつかずの行動をしている雌もいたが、八月の時点で合計九三頭だった。全体のおよそ五分の一である。ニホンザルの群れにはたいてい雌の半分ほどの数しか雄がいないのだが、分裂群には雌より多い雄がいた。周辺部にたむろしていた雄の多くが分裂群に参加したわけである。

安定して行動を共にする霊長類の集団がどのようにして二つに分離するかの過程を明らかにし

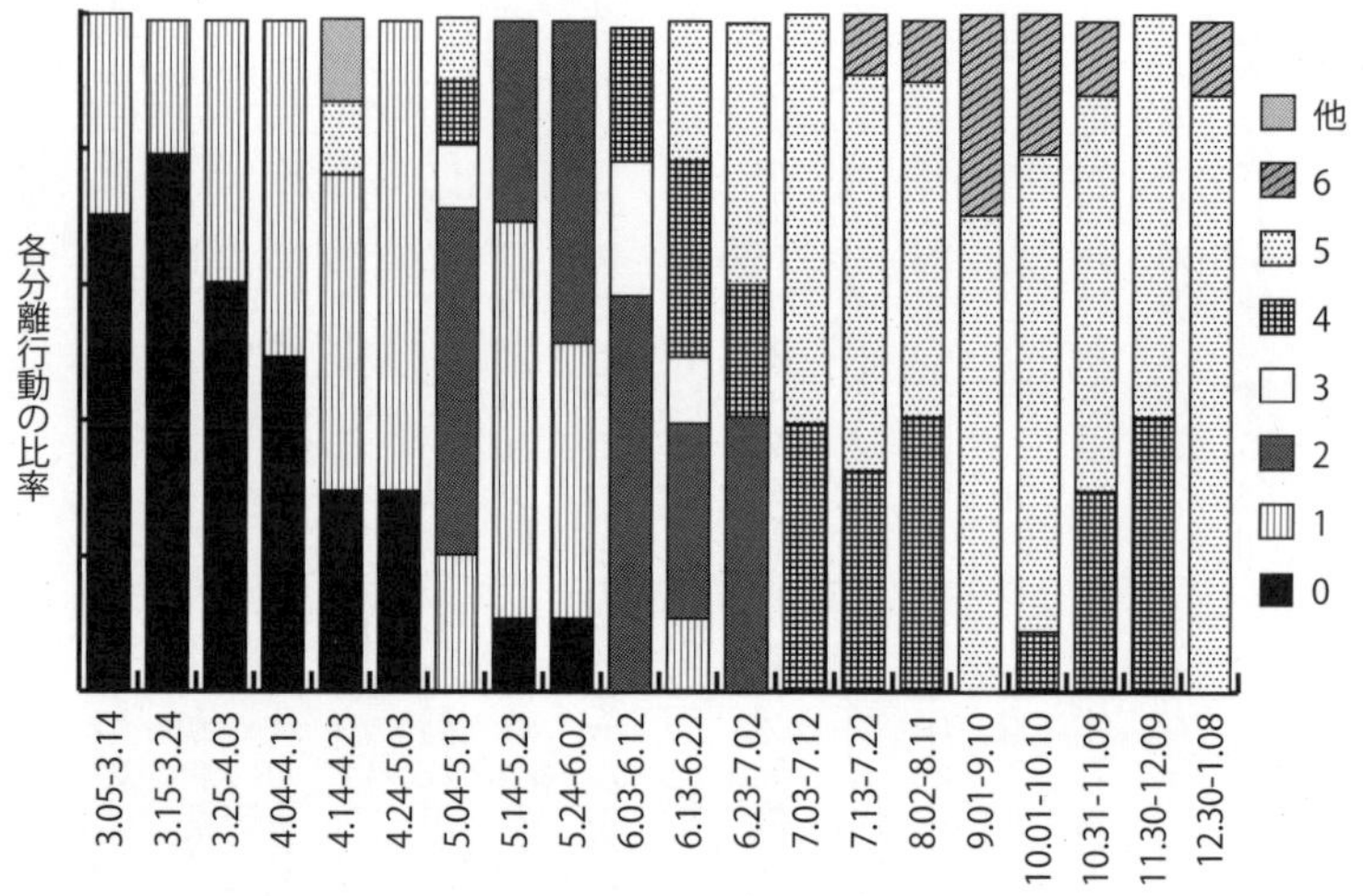

図 1-2　高崎山の群れの第 1 次分裂の経過

行動タイプの 0 は分離行動なし、1 は分裂群が少し遅れて寄せ場に登場、2 は主群が寄せ場近くに、分裂群が少し離れて泊まる、3 は分裂群が近道を通ってあとから寄せ場に登場、4 は主群が寄せ場近くに分裂群が遠く離れて山頂近くに泊まる、5 は分裂群が独自の行動域内の泊まり場で過ごす、6 は完全な独立行動。徐々に独立度を高め、ほぼ独立を達成するまでに半年かかった。図下の数字は月・日

た、これは世界で最初の記録になった（Sugiyama 1960）。もっとも、安定した大型集団の継続追跡そのものが、まだほとんど例のない時代ではあった。

余談だが、大分市役所に提出した私の報告は担当の観光課長レベルで止まってしまった。二つの群れが交替で寄せ場に来てくれれば営業面でもプラスになるはずなのに、研究面はもとより観光面でも群れ分裂の意味が理解できなかったらしい。後で市長に叱られたのは言うまでもない。

分裂の要因を考える

この群れ分裂の原因を私は次の

ように説明した。独立行動の中心的役割を果たしたホシ、シロ、クリの三頭はすでに体格はリーダーより大きいぐらいにまで成長し、その行動も堂々としていたが、依然として若者クラスのまで群れの中心部に入れず、周辺部住まいのままだった。

その不満が独立行動に駆り立てたが、周囲の雌たちとすでに絆ができており、一緒に行動する雌たちがいたために独立群を構成することに成功した。もし周囲の雌たちの信頼を得なかったら、彼らは〝ひとりザル〟または〝離れ雄〟として群れ離脱をするしかなかっただろう。そんな雄はすでに多数いた。つまり、周辺部の雌たちと絆をつくれたホシたちは成功者であり、それ以前にそれぞれ単独で群れを離脱した雄たちは敗残者という位置づけになる。

この分裂要因論の要点には大きな誤りはなかったと今でも思っている。しかし、社会の基盤をなす生態が大事だと意気込みながら、この説明は人間視点が強すぎて生態が欠けていたと今にして思う。恥ずかしい限りである。なぜ周辺部のサルは不満が募るのか。そもそもリーダーとかサブリーダーとかの定義も曖昧なままで、「社会的地位」という一見便利な概念にこだわりすぎていたように思う。自然科学では用語の定義を明確にするのが通常だが、ここらへんですでに自然科学を逸脱していたように思う。

中心部を占める優位の雄たちがサル寄せ場を離れるまで、周辺部にいる劣位のサルたちは人間が撒く餌にありつけない。あえて寄せ場の中に入って餌を取ろうとすれば、集中攻撃に遭う。集団について歩くことの安全確保度と人間から獲得する上質な餌の量とのアンバランスこそが、分離独立の行動を促したと考えるべきだっただろう。前者の重要度が高ければ餌のもらいが少なくても我慢して群れに追随するが、捕食者のほとんどいないニホンザルにとって寄せ場であまり餌をもらえなければ、一緒にいる価値は下がることになる。

サルのレベルで不満とは何かを生物学のレベルで考えていなかった。それに、分裂群の核になるのと〝離れ雄〟になって広範囲を歩き回った末によその群れで子どもを残すのとどちらがより多くの子孫を残せるか、したがってどちらが成功者なのかまでは思いが至らなかった。集団の核になり単独生活者になるより子孫を多く残せてこそ成功と言えるのだ。

「非常態」を知ることの重要性

しかし、この分裂過程の追跡で私の得たものは大きかった。

第一には、社会現象も日常生活の上に乗っていることを実証できたこと、そして、群れの遊動を森の中に逐一追跡したからこそ分裂の過程をいち早く把握できたことである。

第二に、「非常態」または特別な状況での行動を知ることによって、「常態」をより深く理解できることだった。サルはなぜみんなと一緒に行動することを基本とするのか。そして、ニホンザルの雌はほとんど一生を生まれた群れに張り付いて過ごすのに、どうして雄はしばしば群れを離れて独立行動をとるのか。成熟して以降は妊娠・出産・育児を続ける、つまりハンディキャップを負った雌にとっては、安全こそ高い価値がある。一方、身軽で力の強い雄はいくらかリスクが高まっても、より大きな資源を求めて広い範囲を動き回ることができる。そのダイナミックスに迫ることができるからである。

しかし、高崎山の群れの分裂過程をまとめた時点ではそこまで思考を発展させるには至らなかった。一つの現象を多面的に考える思考の幅がなかったということだ。そのうえ、山の上からはサル寄せ場が見渡せていつでも出てこられるのに独立までに半年もかかったということ、そして五〇〇頭を超える段階に達するまで分裂が起こらなかったということは、群れへの依存度という数値では測れない「安心感」が、どれほどサルにとって強いものであるかを知ることができた。

なお、その後群れの分裂の追跡がいくつか報告された。岡山県高梁《たかはし》の餌付け群での報告は、順位の下がった元リーダー雄と雌の一部が分派したものだった（Furuya 1960）。この報告は私の高崎山のそれと同時に出版された。この例の分裂は短期間に急速に起こり、分裂群は主群の行動域の外に新しい行動域を構えた。この群れは今でも健在らしい（武重芽里さんの私信による）。

高崎山では一九六二年に主群からさらに分裂群が生じたが、そのときの核になったのは群れの最周辺部にいた移入雄のヤマだった。このときもやはり半年近い時間をかけて徐々に分裂した。しかし、「個体数の増大に対する解決とソシオノミック性比（おとなの雄雌の比）の調整の必要」という説明（加納 一九六四）は、あまりに単純かつ恣意的すぎるものだと私は思った。いずれの場合も、サル寄せ場の真ん中で十分に人工餌を獲得できない雄が核になったことに本質的な違いはなかった。サル寄せ場に現れる群れが三つに増えてそれぞれが独自の行動域を構え、主群をA、第一次分裂群をB、第二次分裂群をCと呼ぶようになった（図1－1）。

その後、全国各地でニホンザルの群れの分裂の報告がなされた。特異な例として、屋久島の小さな群れでは〝離れ雄〟によって乗っ取られるケースもあった（Yamagiwa 1985）。

3＊増えすぎたサル山のサル

過剰餌付けの結果

高崎山での滞在は、初めてアフリカにゴリラ調査に行った先輩の臨時代理としてだったので、一〇か月ほどで任期が終わり、給料が入らなくなってしまった。その間に貯めた貯金も使い果たしてしまい、年が明ける頃に私は京都に帰った。修士論文の執筆に取り掛からなければならなかったことにもよる。

しかし、いくら観光客が大勢押し寄せるからといって、止め処もなく餌を与えていたらどうなるか。高崎山自然動物園は「野生ザルを見せる」ことが売り物のはずである。それなのにぶくぶく太って寄せ場に密集したサルは、もはや野生とは言い難い。

調査旅費が研究費とは認められていなかった当時、大学院生の野外研究は自費で賄わなければならなかった。貧乏学生にとてもそんなお金はない。こうして京都からずっと離れた高崎山からは足が遠のいた。のちに第三章で述べるような、まるまる二年に及ぶ海外調査の機会があったことにもよる。しかし、このままサルが増え続けたらどうなるだろうかという疑念はいつも脳裏から離れなかった。

海外調査から帰国してその成果の取りまとめをしながらの一九六五年と、それが一段落した一九七〇年、助手になっていた私は研究室の若手たちと計らって、サルの生態に関する最も基本的な事項として個体数を明らかにする作業を開始した。

よその餌付け地では当たり前のこととして常時行われていたことだと思うが、たぶん千頭前後に達しているだろう高崎山ではサルの数を数えるだけでも簡単ではない。それでも公園の管理者であれば、何らかの方法で個体数把握を実行し続ける必要があったように思う。年間百万人以上もの入場者があれば、そのための費用など何とでもなったはずである。国立公園は営業利益をあげる場所ではないが、生態管理に必要な費用は捻出してもよいはずだ。

個体数把握の方法

研究者の側では何とかして個体数と性別年齢構成を把握しようと、一九六二年にサル寄せ場で個体識別と墨汁によるマーキングを中心にした個体数調査が行われた。そのとき、A群五一七頭、B群一五〇頭、C群七三頭、合計七四〇頭とされた（伊谷ほか 一九六四）。一九六五年の調査でもほぼ同様の方法で一〇六七頭を把握した。しかし、もうすでに五〇〇頭を超えていたA群についてはこの方法では限界があり、かなり誤りがあったように思われる。新しい方法の導入が必要になっていた。

一九七〇年に私たちが試みた方法は、各群れがサル寄せ場にやってくる経路をあらかじめ把握しておいて、二〇人近い調査員が朝早くから横一列に並び、各人の前を通ったサルの性別と年齢を記録していくものである。主だった個体は識別してある。おとなは性別の判定だけにする。その年生まれの赤ん坊はほとんど母親の胸に抱かれているので判定可能だ。しかし、その上の未成熟個体は性別も年齢も判定に困難を極めた。

それでも、これを一〇日ほど続ければおおよその性別年齢構成と総数は把握できた。「おおよそ」というのは、どの群れとも行動をともにしない一時的な小グループや単独行動個体がいるので、毎日一定しているわけではないのだ。

初めのうち、現場の職員は寄せ場での見張り役などの日常業務に支障のない範囲での協力程度だったが、次第に組織的に参加するようになり、一九九〇年頃からは企画から実働まで公園の業務として現場中心で行われるようになった。これは成功だった。仕事に対する、そしてサルに対する職員の関心の向上にも役立つからである。

こうして高崎山のサルの個体数調査は、もう四〇年近くも、公園の最大の行事の一つとして毎年続いている。研究者の参加が少ない調査では多少は誤差が広がるにしても、長年月の継続資料は重みがある（図1－3）。同じ調査の繰り返しには飽きがくる可能性があるので新しいアイディアを付け加える必要があるが、これからも続けてほしいと願っている。

4＊個体群の管理を試みる

餌減量を提案する

図1－3をご覧になればお分かりのように、一九七〇年頃までの高崎山のサルの数は直線的に、しかも急カーブで増えている。その後の計算によると、一九五三年から七五年までの二二年間で個体数は六・九倍、年平均個体群増加率は九・三％だった（杉山ほか 一九九五）。

とてつもない増え方である。動物は豊富な栄養を摂取していれば、生理的に可能な限りの増殖率を示すのが当然である。このまま増加すれば山はサルで溢れ返ってしまうだろう。野生のサルを見せることがキャッチフレーズなら、できるだけ野生に近い状態に保つことが重要だ。そのためにはまず過剰な餌投与を減らさなければならない。このような観点から私は、単なる観光ではなく自然教育の場とすると同時に、まず餌の減量に取り組むことを提案した（杉山 一九七七）。

餌代が無視できなくなっていたこともあってか、大分市はただちにこの提案に応じてくれた。

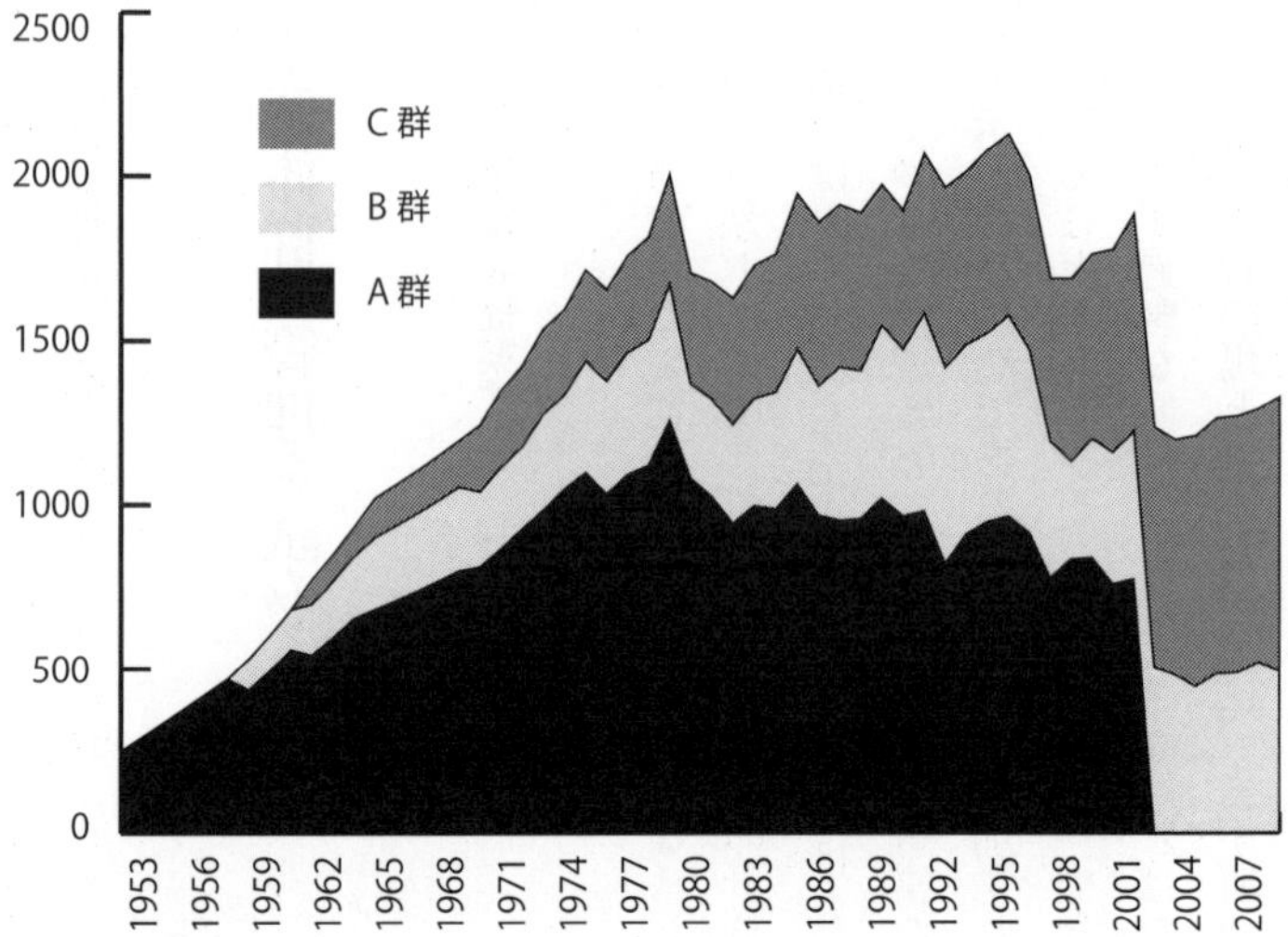

図 1-3　個体数の変化

1970年代までは急カーブで個体数が増加していたが、1980年代に入って増減を繰り返しながらもほぼ横ばい状態になり、2002年のA群失踪で1,200頭にまで減少した。しかし、その後は僅かな増加が続いているのが不安材料である。

しかし現場の職員からの激しい抵抗にあった。現場の職員は、大量の餌を撒いてアリの巣をかき回したように密集したサルを見せることに快感を覚えていたのだ。いつ訪れてもサルが餌を頬張っているところを見せるのも仕事だと思っていたこともある。観光客もそれを喜んだ。

投与餌を減らすことに対して市民からは、「サルがかわいそうだ、餌を減らさないでくれ」という陳情の手紙まで届いた。中には少額のお金まで封入されていることもあったという。

おまけに、これまで十分すぎるほどの栄養をつけて成長したサルの出産率はただちには下がらなかった。当然ながらサルの数も減らなかった。当面の目的はできるだけ自然状態より悪くならないところまで下げることなので、直接個体数を減らすことではないのだと説明したが、理解度は低かった。このまま増え続けたら、いずれは間引きして殺さなければならなくなる。たらふく食べさせて、どこまでも増やして、挙句の果ては捕まえて殺す気か――ここまで恫喝しなければならなかったのである。

余ったサルは動物園にでも引き取ってもらったらいいと抵抗組は言う。しかし、どの動物園だってニホンザルは過剰気味だ。それに、狭い動物園のサル山で飼育するぐらいなら、初めから生まれさせないほうがいいに決まっている。

最近は肥満がどれほど不健全であるかの理解が社会全体に広まったが、それでもサルの体重が減ったことを示すデータをかざして苦情を言う職員が今でもあとを絶たないのにうんざりする。よそより大きい堂々としたサル、日本一大きな群れが売り物と考えていた職員にとって、身体が小さくなり、数が少なくなっては困るのである。

一個体三〇〇キロカロリーに

ところで、どれだけ減らしたら最低限の健康な生活を保てるだろうか。京都大学霊長類研究所で同僚だった松林清明さんから、ニホンザルのような中型哺乳類では体重一キログラムあたり一日七〇キロカロリーを与えれば健康に飼育でき、かつ正常な繁殖もするという情報を得て、高崎山のサルの年齢別頭数とその平均体重から、投餌によるエネルギーの摂取は一日一個体当たり

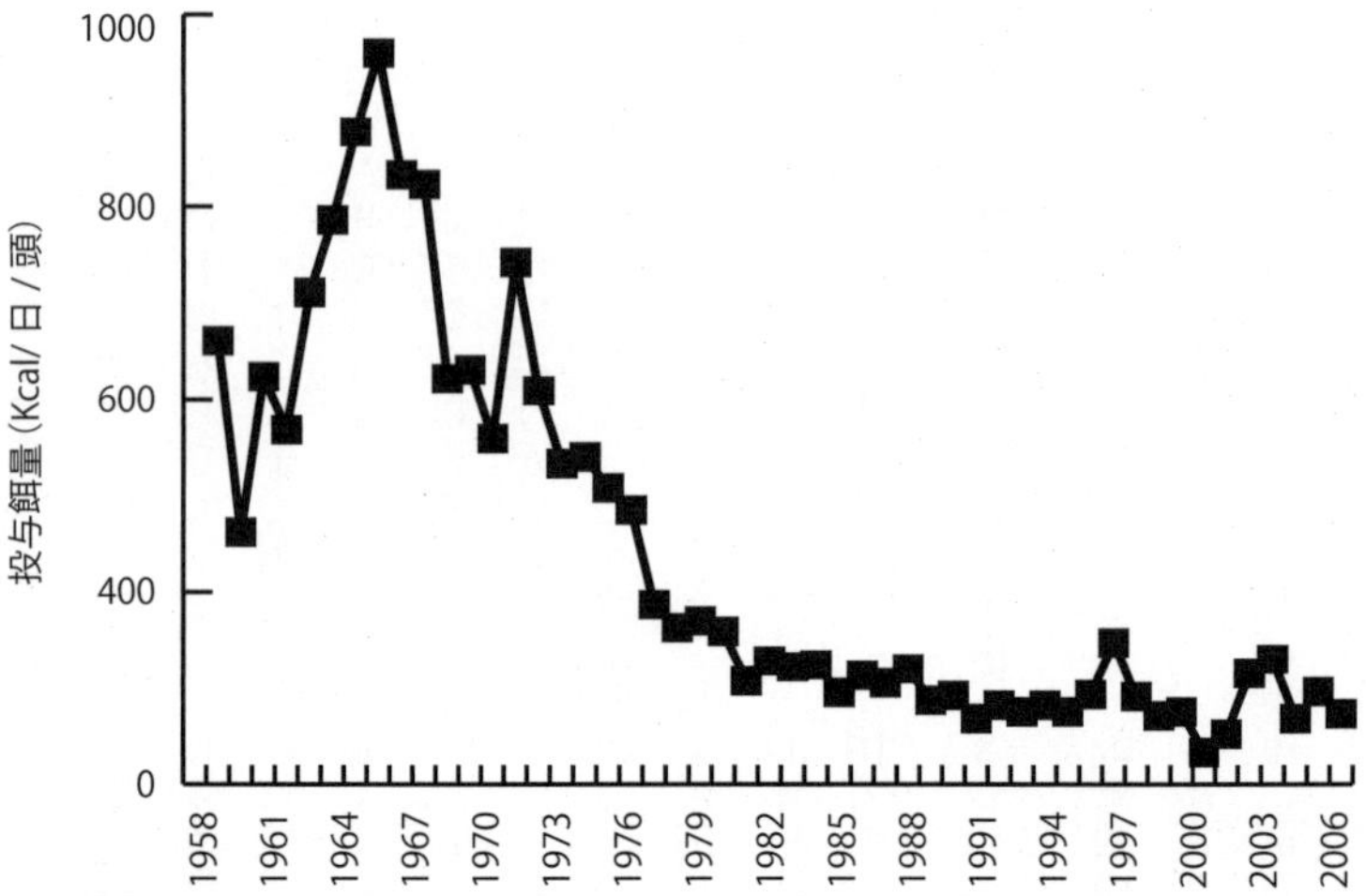

図 1-4　投与餌量

1970 年代初頭まではサルが食べ残すほど餌を与えていたが、その後減量が続き、1980 年代に入ってからは 1 日 1 頭当たり約 300 キロカロリーに、1990 年代になってからは約 280 キロカロリーに抑えている。

三〇〇キロカロリー以下で十分だという計算になった。山の中を歩き回ることによるエネルギー消費は山の中で摂取する自然植生の食物で補えるという仮定の上である（杉山 一九九九）。

そこで、各群の頭数に応じて一日一個体当たり三〇〇キロカロリーを超えないようにと要望した。一九六〇年代は七〇〇キロカロリー前後も与えていたのには愕然とした（図1－4）。幸い餌の入荷量の記録が残っていたので、過去の投与量も計算できたのである。もっとも、ふんだんに餌を投与していた頃はサルが去ったあとに大量の残飯が残っていたので、飽食の限りを尽くしたが全部を食べたわけではなかったようだ。どう考えても超肥満ザルを生産していたことになる。

餌減量の効果と個体群の管理

その後、餌減量のおかげで個体数の上昇カーブはいくらか鈍化したが、投与餌減量作戦の目的が個体数増加を抑えるためであり減少までは踏み込んでいない以上、増加は少しずつ続いており、一九七九年には、A、B、Cの三群合わせてついに二〇〇〇頭に達してしまった（図1－3）。ただし、この年のC群は個体数把握に失敗してしまったので推定頭数であり、確実に二〇〇〇頭を超えたのは一九九一年である。

前記と同様の計算によると、一九七五年から九四年の一九年間には一・二倍、年間一％の増加に抑え込むことができた。この数値は高崎山のサル寄せ場にやってくるA、B、C三群に属する個体数についてであって、そこから散発的に離れた少数の個体は勘定に入れていない。

ある地域に生息する対象動物の個体数を知ること、同時に生息密度を知ることは、生態学の最も基礎になる資料であり、動物個体群の生態管理として必須のデータである。餌付けされている群れについてはこれは容易なのが通常だが、巨大な個体群の高崎山は特別である。研究を先に進めるためには手頃なサイズの個体群を選ぶのが賢い方法だ。しかし私の場合は、対象個体群が先に決まってしまっている。では、なぜ高崎山に固執するのか。自分の最初の研究をさせてくれた研究対象を放っておくわけにはいかないという気持ちがまずある。多少とも関わった、人為の加わった半野生の動物個体群をどう管理していくかという問題を避けて通るわけにはいかないからだ。

現在でこそ「個体群の管理」という問題は研究として認められているが、それは二〇〇〇年代に入る頃からのことだ。一九八〇年代までは自然保護とか保全でさえ科学研究費申請のテーマにならなかった。いや、申請しても必ず落ちたのである。この点で、私は苦い経験を何度もしてきた。

5＊出産率を抑える

餌付けは自然生態系を壊す

一九七〇年代末頃から、各地の餌付けされた野猿公園で個体数の増え過ぎが問題になってきた。高崎山同様、猿害対策として餌付けが始まったところも多く、初期にはサル寄せ場に引き付けられて畑から姿を消したサルだったが、やがて数が増えれば、率は低くても群れからはみ出して畑の作物を盗りにくる個体の数が増えてくるのは当然だった。

投与餌量を減らしなさいという私の提言は、これらの公園でもただちに受け入れられ実行に移された。しかし増加率が鈍化しても、餌を与え続ける限り総数が減らないのは高崎山と同様である。野猿公園の経営者は猿害で畑の作物を台無しにされた農家からの厳しい苦情に悩まされ続けた。

一九九〇年代になってやっと、餌付けそのものが自然生態系を壊す行為だったのではないかと深刻に考えられるに至った。一九九六年六月、大阪大学で開かれた日本霊長類学会の大会で餌付けはもう止めようという声があがった。

新たに餌付けをしようという動きはもうないだろう。観光資源としての人気もすでに峠を越えていた。でも、すでに餌付けで個体数が増えてしまったところでは、投餌を止めればサルは一斉に畑や、甚だしいときには村の中にまで出てきて、横着になっているから人に危害さえ加えかねない。少しずつ餌を減らしてゆくしかない。しかも限度を越えればサルを飢餓に追い込むし、やはり畑荒らしが激化するだろう。

このときの集会で、日本哺乳類学会の有力メンバー六、七人により、「餌付けをした者は反省せよ」と書かれたビラが撒かれた。しかし、一九五〇年代から六〇年代前半にかけて各地で餌付けをしてきた人たちの多くは、この頃すでに亡くなっていたか引退していた。この集まりは、あとを引き継いで、この負の遺産を何とかしなければならないと考える人たちの集会だったのである。ビラは気の抜けたビールのようだった。

安定個体群への方策

高崎山のサルの人口学的な数値（パラメーター）を検討してみると、雌の年間平均出産率が四〇％を切っていない（図1-5）。自然状態での出産率についての資料は多くないが、これまで

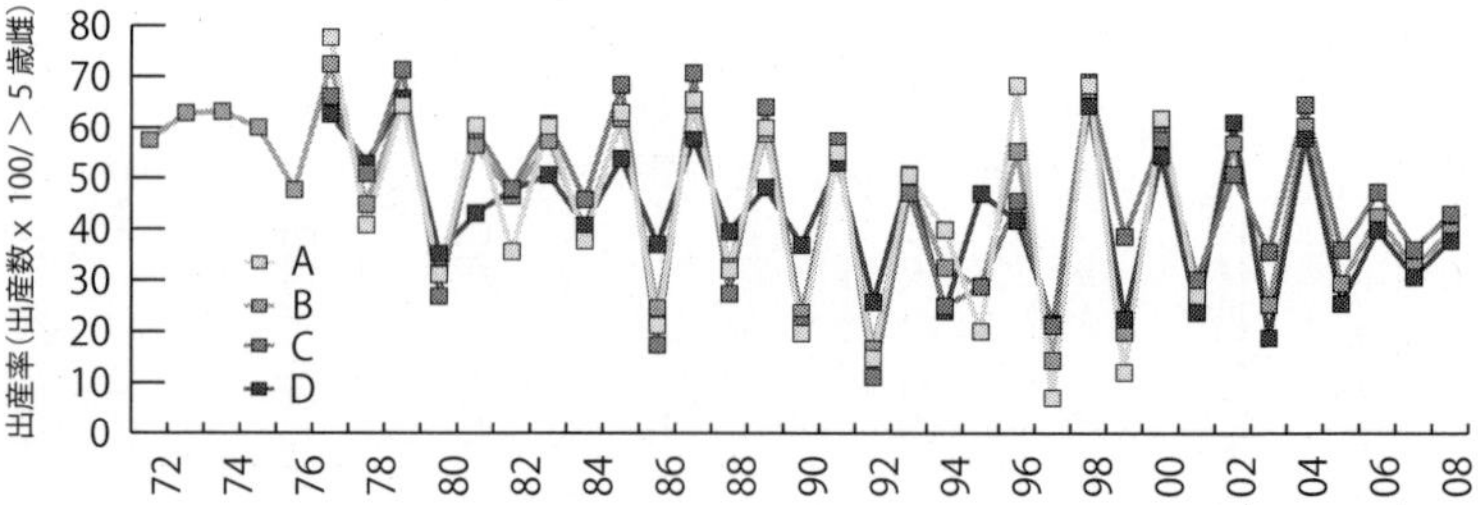

図 1-5　出産率の変化

ある年出産した雌は翌年不出産が多いので、出産率は毎年増減を繰り返している。投与餌の減量を開始した 1970 年代中頃から四半世紀かかって出産率は 60%から 40%まで下げることができた。各群（薄印）がほぼ同調しているのは山の自然食物の豊凶に強く影響されていることを示している。人工餌ばかりでなく自然食物もかなりの比率で採食しているらしい。ABC は群名、D は平均。

に大沢秀行さんと私が滋賀県の霊仙山の餌付けを放棄した群れで約三三・六%という数値を出している（Sugiyama & Ohsawa 1982）。よそでも永年にわたって四〇%に達しているところはない。雌一頭当たり三年に一度の出産ということになる。ときどき不作の年があると出産率が低下し、同時に死亡率もぐっと上昇して、長期にわたって見ると個体群はほぼ一定に保たれているのだろう。こういう状態の集団を〝安定個体群〟という。高崎山のサルも、何とか安定個体群にしたい。

　したがって出産率を下げる必要がある。もっと餌を減らすことも一つの方法だが、極端に減らすと飢餓状態をつくり出してしまう。できるだけ自然に近い状態にすることが目的であって、サルを飢餓に追い込んでは本末転倒だ。そこで人為的な手法として避妊が考えられる。卵管を閉じて卵子が子宮に下りなくするとか、子宮を摘出してしまうなどの方法が確実だが、それでは生涯出産できない雌をつくってしまうことになる。目的はそんな雌をつくることではない。

そこで休みの期間を数年設けてやることで、各個体の生涯出産数を野生並みに減らす。野生の場合、六歳から二一歳までの一六年間に三年に一度の出産として、生涯出産数は六頭という勘定になる。しかし、野生では初産は六歳より上だろうし二一歳まで産み続けることは少ないだろうから、実際には平均五頭半ぐらいだろう。出産率が四〇％だと六・四頭ぐらいになるので、一回分、つまり三、四年出産を休むとおおよそ期待する生涯出産数になるはずだ。獲らぬ狸の大雑把な皮算用ではあるが、こんな見込みを立てた。

〝避妊実験〟の始まり

こうして一九八七年に発足していた高崎山管理委員会の清水慶子さんが中心になって、避妊実験が始まった。清水さんは、あらかじめ実験室で薬効の期間や実験個体への影響などを確認した後、候補になる雌ザルを捕獲して背中の皮下にカプセル入りの合成黄体ホルモンを埋め込む作業をした（写真1-6）。これを〝インプラント法〟と呼ぶ。

背中に埋め込んだのは、サル自身の手の届かない位置だからである。ホルモンは微量ずつ体内に流出するのでそのフィードバック作用により性腺刺激ホルモンの分泌が抑制され、発情しなくなる。薬量の調節によって三、四年の発情休止期間を設定できる。

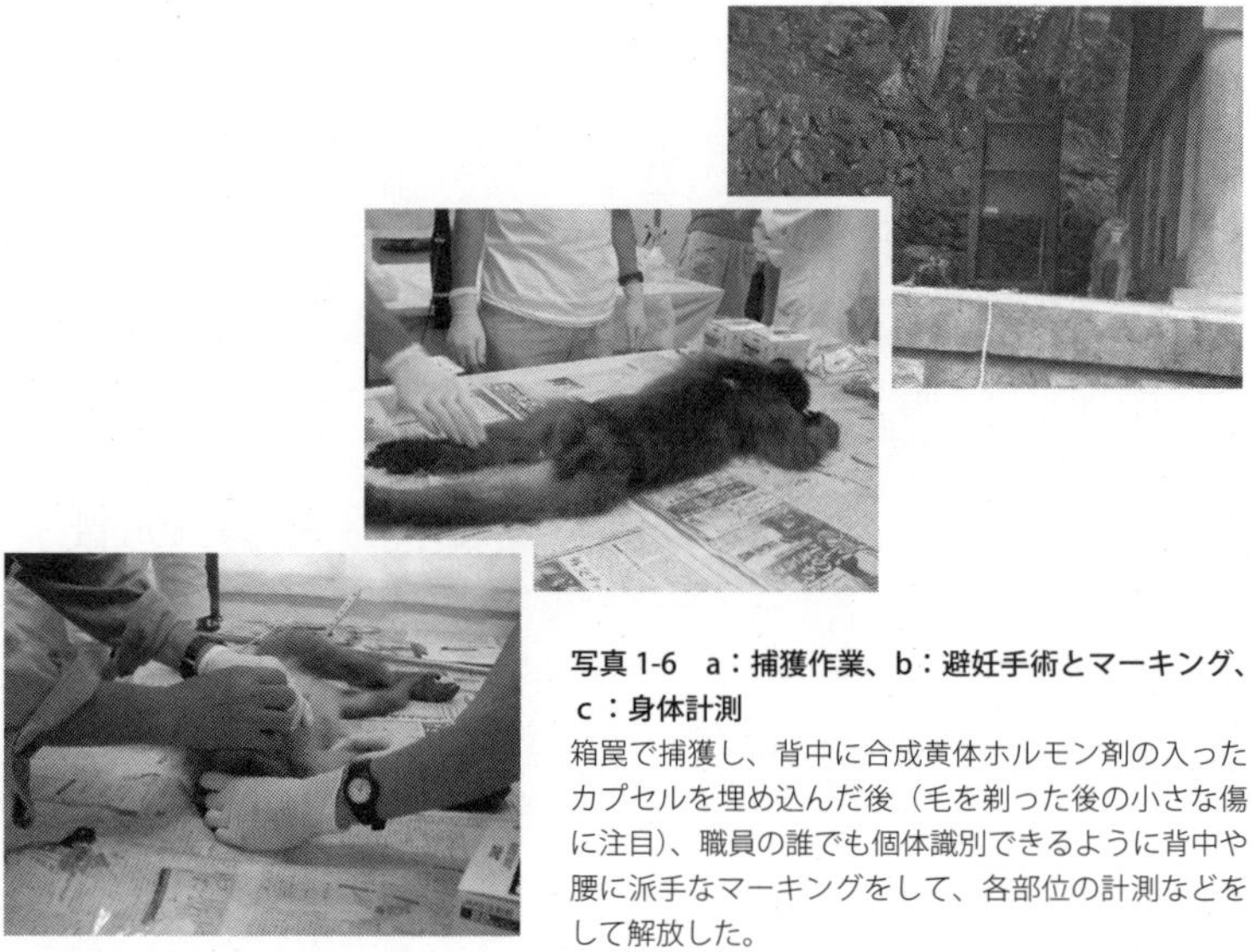

写真 1-6　a：捕獲作業、b：避妊手術とマーキング、c：身体計測

箱罠で捕獲し、背中に合成黄体ホルモン剤の入ったカプセルを埋め込んだ後（毛を剃った後の小さな傷に注目）、職員の誰でも個体識別できるように背中や腰に派手なマーキングをして、各部位の計測などをして解放した。

なお、捕獲して背中に小さいながらも傷をつけるインプラント法を避けて、二〇〇八年には食物に薬を混ぜる〝経口投与法〟に切り替えた。しかしこの方法では、識別した特定の雌に発情季の間中、毎週一回は確実に薬を飲ませなければならず、しかもその期間しか効果が得られないという難点がある。一週間でも無投与の期間があればそれまでの苦労は水の泡である。さらに当該個体の糞中、尿中への薬の排泄量も調べるという困難な作業を、現場職員の下村忠俊さんらの協力を得て清水さんが行っている。まだ試行中の段階である。

避妊処置是非論の検討

合成黄体ホルモンによる避妊方法は文化庁と環境省の両方から「実験」として許可

され、高崎山全体の出産率の変化はもちろん、処置個体の追跡調査も厳密に行われた（清水二〇〇八）。しかし、一方では激しい批判も浴びた。

羽山伸一さんはその著書の中で「苦し紛れの避妊処置」という節を設けて、高崎山や志賀高原・地獄谷野猿公苑での避妊実験を批判している（羽山二〇〇一）。批判する相手の行為を「苦し紛れ」という言葉で表現することは文字通りけんかを売っているわけで、科学者がまじめな議論の中で用いるのは相応しくないと思う。しかし、ここでは冷静に検討してみることとする。

羽山さんが避妊処置に反対している最大の理由は、「野生動物」に対して人が手を加えているからだ。たしかに高崎山のサルは法律上、野生動物ということになっている。法律用語では「無主物」と言うらしい。私も野生動物に避妊処置をすることは反対だ。なぜなら、どんな事態になっているかの追跡調査とその後のコントロールが困難だからだ。しかし、高崎山のサルは管理することが求められている存在である。つまり、半野生動物なのである。たしかに厳密に定義することが求められる法律で半分野生の半分飼養動物なんて存在しえない。したがって飼養動物についてては管理者に責任が負わされているが、野生動物の行動には誰も責任を負う義務はない。

これに対して高崎山では、二〇キロメートルも離れた村から「高崎山のサルが来て畑を荒らした」という通報が入ると、たとえ高崎山から出ていったサルである証拠がなくとも、いちいち有害鳥獣捕獲の手続きをとり、職員が飛んで行って捕獲に従事する。近隣の畑でサルが作物を荒らすと被害補償をする。自由行動していながら、そして山の外に出ていても管理の対象であり、法律上の厳密な区分にかかわらず、高崎山の管理者は「半主物」に対する自らの責任を自覚しているのである。

抜本的方法など存在しない

羽山さんはまた、「避妊処置だけで個体数を制御することは難しい」、「間引きは批判されるから、それなら避妊だという発想はあまりにも安直過ぎる」、「餌付けされたサルといえども、地域社会に対する合意形成や情報公開を行って、科学的な保護管理計画の下に（行政責任によって）対策を実施していく必要がある」、「私企業や研究者個人の勝手な判断で、繁殖を制御することなどあってはならない」と批判している。

これらのすべてについて、まったくそのとおりだと思う。一般論としては至極まっとうな見解である。ただ、長年にわたって先人がつくってきた弊害を取り除く方法はそれぞれ欠陥を抱えていることが多い。一気に事態を解決する抜本的方法など存在しない。だからそれらの欠陥が過度に発現しないように細心の注意を払いながら、どの方法も少しずつ適用してゆくしかないのだと私は思う。殺処分も視野に入れなければならないだろうが、人間が勝手に増やしてきた生き物という存在である以上、殺すのは最後の手段だ。

結局、羽山さんとの違いは高崎山のサルを法律に厳密に従って野生動物として扱うか、それとも実態に応じた対応をするかにかかっている。あくまでも野生動物とするなら管理の必要はないことになる。二〇キロメートルも先の村に出てきたサルに責任を感じる必要もない。そもそも高崎山から出ていったサルだという証拠もない。

でも高崎山では餌を与えているじゃないかと言われたら、池のコイやお寺のハトにパン屑を与えるのも同じだと突っぱねればいい。しかし本当に大事なのは、意図せずに生じてきた弊害には真摯に対応することであって、法律の枠組みを外れない範囲で、現実に対応して柔軟に対処することが求められているはずだ。

また羽山さんは、高崎山や地獄谷野猿公苑での避妊措置が純野生ザルに無制限に広まることを恐れている。しかし、避妊措置を私企業や研究者の勝手な判断で野生動物に適用してよいわけでは決してない。天然記念物だから文化庁からの許可は必須だが、厳密な追跡調査を前提として環境省からの「実験」としての許可も得なければならない。そしてこれらの措置をするかどうかを決めるのは、高崎山の場合は管理者である大分市である。

野放図に広がらないようにするために二重、三重、四重の枠が設けられている。実験である以上はその効果を追跡して調査しなければならない。実際、群れ内にいる限りは全実験個体について一〇年に及ぶ追跡調査を実施し、その効果が実験室におけるよりも、その原因はまだ突き止められていないが、一、二年長く持ちそうだとの結果を得ている（大分市高崎山管理委員会二〇〇八）。

殺せば解決するのか

では羽山さんは、餌付けをしたサルの個体数を抑えるにはどうしたらよいと考えているのだろうか。明言はしていないが、間引きを奨励しているようだ。それでは間引きをしたサルはどう処置するのか。これも明言していないが全頭の殺処分を示唆しているようだ。遺伝的性質のまったく分からない野生群の猿害捕獲ザルについては、ある程度はそれも止むを得ないだろう。しかし、素性の分かっている高崎山のサルについては他の選択肢もあるのではないか。これについては後に述べよう。

それに、餌付け中の個体を捕獲して間引きをするということは、その個体の属する家族内の個体間関係を破壊することになる。社会構造の攪乱である。次々に捕獲して殺処分にすることは作業としては一番容易かもしれないが、この方法は最後の最後まで使いたくない。この方法を採用するときは、もはや生態管理を放棄したときだ。

結局、羽山さんと私の考え方の違いは、あくまでも法律上の二区分に基づいて野生動物と飼養動物のどちらかに帰属させてその範囲を一歩も出ずに考えるか、実情に応じた選択肢の幅を広げて考えるかになるだろう。実験という厳しい枠をはめて許可した文化庁や環境省の判断は正しかったと、私は考えている。

6＊森林破壊の実態

少子高齢化成熟林という問題

しかし、個体数増加のもたらした問題はそれだけではない。毎年個体数調査をするようになった一九七〇年頃から気がついていたのだが、サルは実はもちろん新芽や若葉、冬芽や樹皮も齧ってしまうため、重要な食料になるムクの大樹が少しずつ勢いを失い、やがて枯れるようになった。山を歩くと森中至るところにサル道が張り巡らされ、地面は固く締まっていて、落下した種子が芽生える余地がない。土が固すぎると芽を出せないのだ。高崎山管理委員会の横田直人さんが山中式硬度計によって測定したところ、山の中の土の固さ、土壌圧の示度が一平方センチメートル当たり最高二七ミリメートルに達していた（横田・小野 一九九三）。

樹木の根が健全に伸張するのは二〇ミリメートル以下で、二二ミリメートルを超えると伸張不能とされているそうだ。実際、林床には稚樹がほとんどない。遠くから見ると山全体が緑に覆われているように見えるが、それは成樹だけで持ち応えている「少子高齢化成熟林」なのだ。サルだけの問題ではない。森もサルも生かしてゆかなければならない。生態系全体がいつまでも生き延びられることが重要なのだ。

二〇〇二年、最大のA群が小さいC群より弱くなってC群に追い払われるようになり、サル寄せ場に現れなくなった。やがてA群は高崎山の辺縁部を遊動するようになり、畑荒らしが頻繁に起こるようになった。高崎山の外に出たA群は猿害捕獲の対象になるとともに出産率の低下が著しく、個体数は徐々に減少していった。こうして寄せ場に現れるサルの間引きをすることなしに、高崎山内に生息するサルの数は、高崎山管理委員会の第一目標であった一二〇〇頭までサル自身が減らした。今は第二目標である八〇〇頭まで減らすことに腐心している。

高崎山管理委員会は岩本俊孝さんの努力によって、山の年間植物生産量とサルのエネルギー消費量から考えて、一日一頭当たり二八二キロカロリーの餌を与えれば増えも減りもしない安定個体群になるというシミュレーションを算出した（岩本 一九九三、杉山他 一九九五）。そして餌投与をこの基準にまで減らした。

森の生産量の測定法

なお、山の植物生産量などどうやって測るのか疑問に思われる読者もおられよう。一九六〇年代に、当時としてはマクロの生物学では最大規模のＩＢＰという国際的なプロジェクトがあった。その一環として、高崎山に類似した熊本県・水俣照葉樹林で、葉、果実、花、枝先など植物のそれぞれの部位が単位面積当たりどれだけの植物体を生産するかを丹念に調べた結果がある。類似した森を持つ高崎山にこの値を当てはめたのである。

このシミュレーションでは一二〇〇頭で山の年間植物生産量の五、六%をサルが消費することになる。これを〝消費効率〟という。自然の中ではニホンザルのような中型動物は二、三%だそうだが、五、六%なら森もなんとか生き永らえることができるだろうと考えられる。高崎山にはサル以外に森の植物を食べて生きている動物はほとんどいないので、サルだけで五、六%の消費効率でも森は何とか保てるだろうという期待だ。

ちなみに、餌付け当初のサルの個体数は二〇〇ないし二二〇頭で、まさに消費効率二、三%の範囲内だった。アフリカゾウは一〇%程度で(Krebs 1972)、ここまで進むと植生破壊につながることが分かっている。そしてシミュレーションをした時点では高崎山のサルの消費効率は八・七%で、アフリカゾウに近かったのである。何とかこれを下げなければいけない。

なお、高崎浩幸さんの研究によると、高崎山を含む照葉樹林でのニホンザルの行動域面積は一頭当たり一・九ヘクタールだそうだ(高崎 一九八一)。その計算を適用すると、高崎山には一五七頭の生息が標準ということになる。したがって餌付け当初から二〇〇頭以上いた高崎山のサルは、かなりの高密度で生息していたことが分かる。

栄養供給量に冬をつくる

ところが個体数は安定を保つどころか、今でも僅かながら依然として増え続けている。栄養摂取の仕方で自然状態とどこが一番異なるのか。どうやら冬の栄養供給量の違いではないかと私は考えている。

野生のサルは冬の間、著しい栄養不足に直面している。しかし高崎山では、少ないながらも人為的に一年中同じだけの安定した栄養を得ている。季節的変化があるのは自然の食物だけだ。年間通しては大差がなくても、冬の欠乏状態がなければ老齢個体や生後一年未満の赤ん坊が冬を乗り切る率は高いに違いない。依然として高い出産率が維持されていることの要因の一つにもなっているのだろう。

安定個体群を維持するためには餌の与え方に〝冬〟をつくり、より自然に近い状態にすることが次の手段だ。幸い、冬ならば少々人工餌を減らしてもサルが寄せ場に来なくなるような事態は考えられず、現場職員が心配するような営業への支障はないだろう。

しかし、これに対しても異議が出された。「サルが餓死してしまう」というのだ。こういう感情論を納得させるのは難しい。なぜなら、栄養供給量に冬をつくるということは、自然状態より悪くはしないという制限を設けているとはいえ、死亡率が高まることも予想の範囲内だからだ。

しかしそれでも、自然状態より悪条件に陥れない限り個体数を減らすことはできない。避妊措置も含めて、まだまだ可能な方法を模索しなければならない。

7＊これからの高崎山

実験研究への提供

さて、たとえ猿害捕獲という理由であっても捕まえられたサルはどう処置すべきだろうか。第一に、殺さずに十分な健康管理のもとに飼育してくれる施設を探すことである。しかしおとなのニホンザルは時として準猛獣になる。危険な存在なのである。個人はもちろんのこと、不完全で不衛生になりがちな、さらに中型動物の飼育に不慣れな小学校や遊園地などの施設に渡すのは無責任だ。愛好家が個人で飼育するなんて論外だ。

できることならお陽様の下で雨にもさらされ、かつ集団で飼育しているところが望ましい。これらのサルを母群として活用してくれる管理の行き届いた繁殖施設があれば一番良いだろう。母群はそのまま維持し、施設で増やした個体だけを研究用に提供することができる。捕獲した対象個体を殺さないですむという利点もある。

捕獲したサルを直接医学・生物学実験用に提供することには動物愛護団体の強い抵抗がある。捕獲という苦しみを与えたうえ、さらにもう一度苦しめた後に殺す気か、という論理である。もっともだ。でも、これ以上医学・生物学が発展しなくてもよいというのならいざ知らず、無理はせずに、しかし着実に進んでほしいと思う。

十分に意義のある研究か、本当にマウスやラットなどではできないサルでの実験を必要としている研究か、必要最低限度以上の苦痛をサルに与えることはないか。しっかりと見極めたうえで、繁殖施設からの供給体制が整備されるまでの臨時措置として、ある程度は直接医学・生物学の研究にも提供したらよいと思う。この場合に何よりも大切なのは情報公開である。当該分野はもちろん、近隣分野の専門家が見ても恥ずかしくない研究であってほしい。

サルは体のつくりが人間に大変近いので、生理学、特に大脳生理学分野では重要な実験動物である。だから生理学会や神経科学会は喉から手が出るほど実験材料としてのサルを欲しがっている。

近年の脳の研究や身体の働きのメカニズムの研究が医学の発展に多大な貢献を及ぼしてきたことは誰でも知っている。その基礎研究において、実験材料としてのサルの果たしてきた役割は特段に大きかった。近年、人々が多大な関心を示している脳の研究はこうして進んできたことを読者は知っているだろうか。だからサルが実験に使えるように、ぜひ供給ルートをつくってあげたい。

ただ、残念ながらサルを実験に使いたがっている今の医学・生物学者には、まだまだサルをマウスやモルモットと同じ程度にしか理解していない人たちがいる。そこで実験利用者の自覚がないままに供給体制が整備されてしまうと、個々の研究者の意識改革のないままの供給ルートになってしまう。医学・生物学実験への供給は、よほど慎重でなければならない。だからたくさんは供給できないと思う。

それでは猿害捕獲されたサルが余ってしまう。過剰な捕獲個体は、最終的には殺処分も止むを得ない。でも、殺すのは最後の手段であり、胸に痛みを感じながらの、こんなことは二度と繰り返さないという誓いのもとにシステムをつくってから後のことだろう。

教育への寄与と市民の責任

高崎山でもう一つ、遅々として進まなかったことがある。それは教育への貢献だ。サル寄せを社会教育と自然教育の場にしたかったのだが、なかなか思うようには進まなかった。サル寄せ場の職員はサルに餌を与える場面を見せ、ボスおよび「婦人会長」と名づけた中老の優位雌と、特異な行動をする曲芸ザルの説明に終始してきた。それは客の要望に応えようとしたものでもあったからだ。よそより体格が良くて大きな群れへの餌撒き場面を見せることも、また客が喜ぶからだった。

しかし、現場職員の老人ホームや福祉施設訪問による「おサルの話」の提供や、森の中につくった遊歩道へ小学生たちを案内することを通じて、職員たちの意識改革が次第に進んだ。個体数調査のデータ整理や個体識別もまた、サルに対する認識を少しずつ変えていった。職員の世代交代もあったし、管理に主眼を置く観光課だけでなく教育委員会が関与するようになったことも影響している。こうして、私が手出しをするまでもなく高崎山は、三流の観光施設ではない、社会教育にも貢献する公園の雰囲気を、遅々としてだがつくり出しつつある。

一方、こうした努力に水を差すような不祥事が一九九九年八月末に発覚した。畑作物を荒らすサルの被害を受けた農家の強烈な苦情に耐えきれず、一九九四年から三年間にわたって約二〇〇頭を許可なしに捕獲し、地元医大に供給したにもかかわらず、公園側は山に放したと虚偽の報告をしていた。これがマスコミの報じるところとなってしまった（八月二七日、大分合同新聞など九州の各紙）。

猿害を起こしているのは高崎山の外に出たサルたちなので、捕獲申請して許可を受けた後に捕獲することができる。年間七〇頭までという枠を設けて高崎山管理委員会も医学実験への供給を認めていた。しかし、書類作成が面倒くさかったことや許可までに時間がかかることを嫌った以上に、実験用に供給したことが世間に知られるとうるさいので闇から闇へと事を運んでしまったということらしい。

これといった定見があるわけでもなく、世間を気にしただけの、要するに事なかれ主義だったのである。明るみに出たらどれほど高崎山のイメージダウンにつながるかの考慮はしなかったのだろう。そして、悲しいことに高崎山管理委員会は完全に無視され続けた。

地元では大騒ぎになった。新聞は「根本的な解決策を真剣に考えろ」と主張した。投書の内容は「檻に入れて飼い続けたらよい」、「作物を荒らさないように調教したらよい」などで、参考になるようなまっとうな意見は一つもなかった。

考えてみると、普段からの市民教育がほとんどなされていなかったことが原因のように思われる。職員による「おサルの話」の出張講演はたしかに面白いが、可愛い、面白いの印象を植え付けるばかりで、増えすぎたサルをどうしたらよいかの真剣な議論が市民に伝わっていなかった。

高崎山管理委員会は諮問された問題にのみタッチすることが望まれ、市民と直接向き合って真剣な議論をすることは鬱陶しがられる。しかし、動物の生態管理に関する専門知識をほとんど持ち合わせていない行政職員にも公園関係者にも、これは難しい仕事だ。高崎山管理委員会がもっと積極的に介入するべきではないかと、今思っている。

格好の実験場

最先端の霊長類学とはあまり関係のないことに私はずいぶん大きなエネルギーを費やしてきたように思う。しかし、若い頃に研究させてもらった調査地に対して何らかの責任を持たなければならない。研究だけしてあとは頬かむりというわけにはいかないだろう。

そして半野生個体群の管理もまた生態学の基本原理を軸にして行わなければならない。野生から飼育までの各種個体群の管理も、これからは霊長類学の中に堂々と位置づけられる必要がある。間引きをすれば過剰個体数の問題は一気に解決するかもしれないが、間引いたサルを殺してすむということでは決してないということだ。そして、どの方法を採用してもそれでおしまいというわけにはいかないだろう。これらの努力自体が市民教育でもあり、社会教育にもなる。自治体が管理しているということは市民にだって責任があるのだ。

最近は、屋久島や金華山島などで餌付けすることなしに野生群の観察が可能になり、餌付け個体群の研究をする若手研究者が少なくなった。しかし餌付け個体群はさまざまな実験操作ができるという特徴を持っている。また、純野生状態ではほとんど観察されない行動や現象がずっと高頻度に見られる。実際、この特徴を生かした精密な観察やちょっとした実験操作を伴った研究が今も進んでいる。野生のサルで観察された数少ない現象の理論的根拠を与えるために、餌付け群は格好の実験場なのだ。

そして何より嬉しいのは、プロの後押しが必要だとはいえ、現場職員が自分の収集したデータをまとめて学会発表をするようになったことだ。こうした特徴をうまく利用した研究がもっともっと登場してほしいと私は願っている。

第２章

普通か例外か

――霊仙山のサル――

1*頻繁な雄の出入り

日帰り調査地の開発

第三章で述べるように、一九六一年の四月からまる二年の長期にわたってインドでハヌマン・ラングールというサルの調査を行った。帰国後もその膨大なデータの整理に従事したため、細々と高崎山の観察は続けていたものの、ニホンザルの調査からはかなり遠ざかっていた。おまけに帰国早々、新設の理学部動物学教室の助手に任用されたため、雑務に追われていた。

助手は研究室の雑務をこなす一方、教授の講義に出席して休憩時間に黒板拭きをするなど、細切れ時間ながらデータ整理の時間はあったものの、毎日こまごました仕事に追われるのだった。そのうえ一九六八年から翌年にかけていわゆる大学紛争が起こり、会議の連続で、もはや長期の野外調査に没頭できる環境は当分来ないだろうと思われた。

そこで考えたのが、日帰りのできるフィールドを開発することだった。当たりをつけたのは京都から東におよそ七〇キロメートル、琵琶湖を斜め北に見据えた東海道線の小さな駅・醒が井の裏山、標高一〇九八メートルの霊仙山《りょうぜんやま》だった（図2-1、写真2-1）。東海道沿線なのに、北陸から吹いてくる冷たい伊吹下ろしがこの付近一帯を多雪地帯にしている。かつて雪のために、新

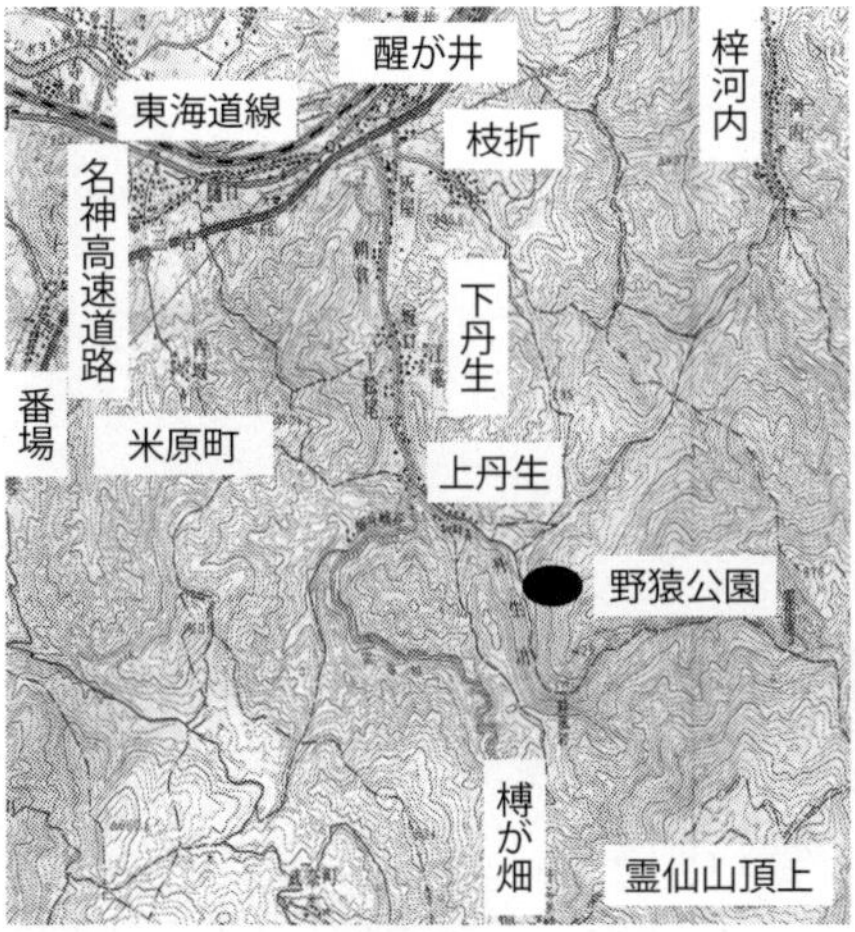

図 2-1　霊仙山概念図
上丹生群は上丹生の村から梓河内村、霊仙山中上部、榑（くれ）が畑の廃村にかけて行動域を持ち、榑が畑から西に小群が、その南と南東に少なくとも1群が互いに隣接して生息していた。

幹線が米原付近でしばしば運行停止に見舞われたのをご記憶の方も多いだろう。

猿害防止のために滋賀県米原町（現・米原市）の委託を受けて、地元の町会議員だった川口正男さんが餌付けをしているという話を耳にしたので行ってみると、車がやっと一台だけ通れるような谷間の狭い空き地で観光客はほとんど訪れず、したがって人工餌の投与も少ない。名ばかりの野猿公園だった。冬は閑古鳥が鳴いているので、管理している川口夫人は餌を撒いたらさっさと帰ってしまう（写真2－2）。

餌付けの影響は高崎山ほどではないだろう。まだ「餌付けは自然のバランスを壊す行為だ」というほどの意識が薄かった一九六〇年代で、ニホンザルとしては標準的なサイズと言える四、五〇頭ほどの群れは、大学院生の頃のようなフル・タイムでの精力的な調査ができない身分では研究対象として手頃だ

写真 2-1　冬の霊仙山

東海道沿線なのに北陸から吹いてくる〝伊吹降ろし〟のために多雪である。雪の中の急斜面をサルを探して昇り降りするのは、登山家でもない私には難業苦行だった。

と判断した。

野猿公園は米原町字上丹生《かみにゅう》にあったので上丹生群と名付けた。山の上方の廃村、榑《くれ》が畑には行動域を接する一〇ないし一二頭の小さな榑が畑群がいた。その南と東南にも連続して群れがいるのを確認した。少し離れた南の鈴鹿の山々には古くから多数のサルの生息が知られていた。

霊仙山の調査を開始して一年半ほど経った一九七〇年の秋に、私は愛知県犬山市にある京都大学霊長類研究所（以下、霊長研）に転勤になったが、霊仙山は京都と犬山のちょうど中間に位置していて、調査はそれまで同様に続行することができたのは幸いだった。

当時の文部省（現在の文部科学省）は、研究とは研究室や実験室でするもので、

写真 2-2　小さなサル寄せ場
庭を少し広くした程度の谷間の寄せ場は日照時間が短く、冬は冷たい風にさらされて寒かった。餌を撒いているのは管理人の川口夫人（1972 年）。

研究に旅費など必要ないと考えていたらしい。旅費に使える研究費は学会出張分ぐらいしかない時代だった。しかし調査地が近いことが幸いして、なんとか私費を投入してでも観察を続けることができた。さらにありがたいことに、私より半年遅れて霊長研に赴任した大沢秀行さんが霊仙山を共同で調査してくれることになった。

個体群動態に着目

さて、霊長研で生活史研究部門に所属した私は、生活史とはなんだろうと改めて考えた（杉山 一九七四）。生まれてからどんな経過を辿って死にまで至るのか。雌なら何歳で子どもを産んで、どれだけの子どもを育て上げるのか。いわば各個体の履歴書をつくり上げることではなかろうか。

一生の間にはさまざまな状況に遭遇する。環境の変化もあるだろうし、個体にもいろいろな変化があるだろう。群れ内の血縁関係者の多少などに基づく社会的な結びつきも関係してこよう。いささか我田引水のきらいはあるが、これはまさに私の年来の目標であった、人間視点を維持しながらサルの生態の上に乗った社会を明らかにすることだ。霊長研には社会研究部門もあったので、詳細な個体間関係のような人間視点はそちらに任せて、私は主として生活をする生物としての視点に集中することにした。

しかし当時、やっと個体識別による調査を始めた世界中の野外研究者はほとんどが個体間の優劣やグルーミングを通した個体間の関係の研究に集中しており、その頃の生態学的研究は数値では表せない基礎的な生息地の環境記載や、食物リストの作成や、移動ルートのマッピング程度のものしかなかった。どうしたら数量的データにして、記載から一歩踏み出した生態学にできるのか。まだ暗中模索の時代だった。

そこで私は、個体群動態の研究から始めることにした。環境条件に基づいて出生と死亡や移出入も変動するはずだし、個体数は増えたり減ったりする。こうした生物の基本的現象の把握から社会構造を見直すことができるに違いない。

雄の順位は〝年功序列〟

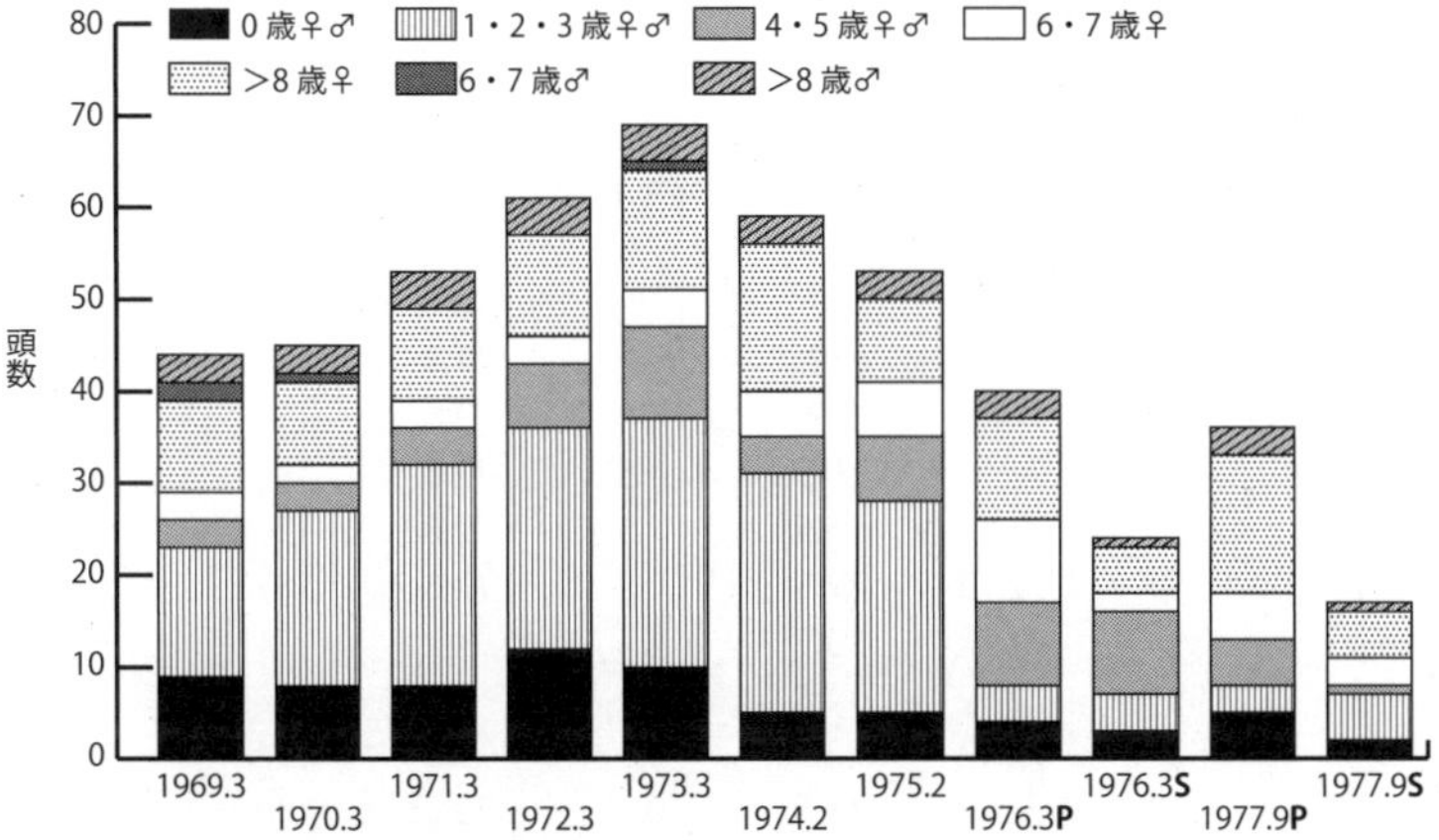

図 2-2　霊仙山上丹生群の性年齢構成（1969 ～ 77 年）

1976 ～ 77 年は分裂した P、S 群に分けて示した。1969 年の 45 頭から 1973 年には 69 頭まで増加したが、餌付け放棄後に個体の分散が起こり、以後、52 頭から 64 頭の間を増減した。番場村に高飛びした若者新群は表示していない。

毎年秋の交尾季になると、上丹生群の周辺には多数の離れ雄が接近してあたりを徘徊するようになった。ちらちらとしか姿を見せてくれない離れ雄はなかなか個体識別ができないが、アメリカからしばらく調査に来ていたジェフェリー・カーランドさんの協力で、一九七四年には一四頭まで確認することができた（杉山・大沢 一九七四）。常時四ないし六頭しかいない群れ雄の三倍から三倍半である（図2－2）。

交尾季が終わっても群れに居つく雄がおり、また群れの雄もどんどん消失して、調査を始めてからこのときまでにすべておとなの雄が入れ替わってしまった。その後も二年以上いた雄は皆無だった（表2－1）。二年以内に消えるということは、優位劣位に関係なく、しばらくいたらみんな消えてゆくということで

表 2-1　上丹生群のおとな雄の滞在

調査を始めてから壮年の雄はいずれも２年以内に失踪した。だから最劣位で移入しても、ひとりでに優位に上がっている。

個体名	生年 **	移入年月	移入年齢	滞在年数	消失年月	消失年齢	消失時順位
リップル	55	68.12	13.5	2	70.11	15.5	1
ホワイト	59	?	?	?	70.12	11.5	1
ブラック	61	?	?	?	71.8	10	1
ダーク	62	?	?	?	73.8	11	1
スリット	60	71.1	10.5	1.5	72.8	12	2
ヤク	55	71.1	15.5	1.5	72.6	17	3
アール	55	72.12	17.5	0.5	73.6-7	18	
サイノ	59	72.12	13.5				
テイル	58	72.12	14.5				
ノッチ	50	72.12	22.5	0.3	73.2	22.5	4.5
ビッグ	59	72.12	13.5	0.3	73.2	13.5	4.5
クラッシュ	23	72.12	13.5	0.3	73.2	13.5	4.5
サンゴ *	62	74.2	11.5	0.1	74.3	11.5	1
ワカ *	65	74.2	8.5				

＊分裂群に加入　＊＊生年はいずれも推定
滞在年数以後の無印は 74 年３月現在在籍

もある。だから最下位で群れに入った雄の順位はほぼ自動的に上がっていった。雄の順位なんてまるで年功序列みたいだと思ったのはその頃である（杉山・大沢 一九七四）。

移入した雄にとって、群れに加入してから生まれた、自分が種付けした娘が成熟するまでにはまだ二、三年以上ある。近親交配の可能性が高まったから出て行くというわけではない。出て行っても、食べて行くことだけでなく子孫残しにもマイナスの影響がないのだろう。マイナスになるのなら、そんな個体の遺伝子は少しずつ減ってゆき、やがては消滅するはずだ。

自立に向かう若雄

一方、若い雄は三歳半頃から生まれた群れを離脱し、成熟する六歳まで出生群にい

表 2-2　上丹生群生まれの若雄の行方

1968 〜 70 年に生まれた雄はいずれも 6 歳になる前に失踪した。独立精神が旺盛なのか群れについて歩く利益が少なかったのかは分からない。

個体名	生年	消失年月	消失年齢	再発見	備考
スカル	65	69.10-12	4	単　独	
プロア	65	69.10-12	4	単　独	
クロ	66	70.10-12	4	雄パーティ	
エルゴ	66	70.10-12	4	雄パーティ	
フォンタ	67	71.10-12	4		
ミゲル	67	71.10-12	4		
グランツ	67	72.7	5		
タンツ	67	72.8	5	雄パーティ	
トンツ	68	73.9-10	5	雄パーティ	
ピョン	68	73.9-10	5		
ザスト 69	69	70.2	0		母親と同時に消失
カップ	69	73.9-10	4		
イオン	69	73.9-10	4		
ニバン	69	73.8	4		
ラビット	69	73.9-10	4		
ピジョン	70	75.12-76.2	5	雄パーティ	
ノスリ	70	75.12-76.2	5		
フラム	70	74.3-6	4	雄パーティ	
マイナ	70	75.7-10	5		74.2 S 群に加入後消失
パンタ	71	75 まで在籍			
ニルガ	71	74.8-11	3	雄パーティ	
イベックス	71	75 まで在籍			
バッファ	71	75 まで在籍			母親と S 群に移籍

1968 年以前の生年は推定

S 群はビンキ（雌）の創設した分裂群

た雄もまた皆無だった（表2－2）。そして彼らは七、八歳の若いおとな雄を含む雄だけの集団をつくり、上丹生群の行動域内から榑が畑にかけて徒党を組んで歩き回っているのを森の中で散見するのだった。それまで群れを離れて雄も雌もいる群れに属さない雄は〝ひとりザル〟などとも呼ばれていた。そして高崎山のサル寄せ場に出現した雄はたしかに屈強の単独雄ばかりだったが、〝離れ雄〟と呼ぶのが群れ外の雄に対するより包括的な呼び方であると思った。

若い雄が六歳未満で全員群れを離脱するのは、先に離脱した年上の雄たちが一度群れに戻って、若い雄たちを積極的に、あるいは消極的にでも誘い出したことによるのかもしれない。そんな例が岡山県の勝山群でいくつもあった（Itoigawa 1974）。だからこそ、そんな子どもからおとなまでの雄たちが徒党を組んで歩き回っているのだろう。

生まれた群れから成熟前後に離脱するのは雄にとって例外的なことではなく、正常な生活史の一部であることはすでに知られていた（Nishida 1966）。さらにこの頃、外から移入した雄もまた、いずれは姿を消すことが霊仙山以外でも知られるようになった（常田・和田 一九七四）。しかし、これほど短期間に、そして頻繁に移出入が起きるのは初めての発見だっただろう。雄の生活史の一端が明らかになったはしりだった（Sugiyama 1976b）。

外見上の移出入ばかりではない。霊長研の同僚の野沢謙さんと庄武孝義さんが血清タンパクの多型を用いて父性判定を試みたところ、たとえば一九七一年生まれの全七頭について、そのうちの少なくとも二頭は群れの中に父親が見つからなかった。つまりそれらの子の生まれる前の交尾季前後に群れにいた雄はいずれも父親ではなく、よそからやってきて子種だけを残して去っていった雄の中に父親がいたのだ。この方法では、残りの五頭についても群れ内の雄のどれかが父親だった可能性が否定されたわけではない（Shotake & Nozawa 1974）。

まだDNAによる父性判定の方法が開発されていなかった頃の研究結果であり、世界で最初の野生個体群の個体識別に基づく遺伝子レベルでの父性判定だった。そして社会的または行動的にはもちろん、繁殖面でもニホンザルの群れは半開放的な集団であることが明らかになった。いつも一緒に行動している「社会集団」より広い「繁殖集団」を認識するべきだと思った。

2＊群れを離れる雌

離脱雌の例

調査を始めてまもなく奇妙なことに気がついた。おとなの雌が群れから離れたり戻ったり、また単独で行動したりしていたのである（Sugiyama & Ohsawa 1982a）。一九七三年の夏をもって上丹生群に対する餌付けは停止されたが、その前から実りの秋は群れがほとんど寄せ場に現れなかったので、サルの食糧事情に大変化が起きる直前までに発生した六例を以下に列記しよう（表

2‐3）。個々の具体例などわずらわしいと思われる方は、読み飛ばしていただいてかまわない。

（1）　調査開始後一年ほど経った一九七〇年一月に消失したおとな雌がいた。雌はいつも群れと一緒に歩いているものとばかり思っていたので、ニホンザルの行動観察者は誰でも消失は死亡と自動的に記録していたのだが、一年近く経った同年一二月に彼女がひょっこり群れの中にいるのを発見した。左上眼瞼にイボがあったことからディボと名付けてあったので、識別の間違いではない。何事もなかったかのように群れの中で以前と同じように振る舞っていた。近隣個体との関係にも変化はなかった。そして翌年一月には再び姿を消した。一九七〇年の一年弱を群れから離れてどこでどう行動していたのか、そして短期間の復帰の後にどこに行ったのか、ついにまったく分からないで終わった。

（2）　同じく一九七〇年二月にはザストと名付けた雌が当歳（0歳）と一歳の子どもとともに消失した。ところが彼女は翌年の一月と二月に各一回、子どもを連れずに単独で群れの中にいるのが発見された。当歳児が単独で生き永らえることは無理だから、子どもはたぶん死んだのだろう。群れの中では以前と同じように他の個体と交渉を持っていた。彼女はときどきしかやって来ない園長の川口さんも識別しているほど特徴的な風貌をしており、これも識別に間違いはない。

（3）　同年五月には、少なくとも私が調査を始めてからは見たことのない新顔の雌が新生児を連れて群れに居り、他の個体と同じようにグルーミングをし合うなど、ずっと群れのメンバーだったかのごとくに振る舞っていた。新顔なのでニュウと名付けたが、同年七月に母子ともに姿を消した。

表 2-3　上丹生群から移出した雌の一覧（1969 ～ 78 年）

餌付け放棄直後までに 7 頭のおとな雌が移出または単独で発見され、出たり入ったりを繰り返す雌も複数いた。餌付けを放棄してからは集団について歩くことの利益がなくなったのだろう、群れから離れる雌が続出した。さらにそれに追い討ちをかけるように、大量捕獲によって群れの壊滅に近いほど散りじりに分散した。

			移出時			再発見時		
例番号	個体名	地位 #	年齢	同行の子	年月	年月日	場所	状況
1	?	?	15 ±		69 ?	70.12.15	山　口	単独雄と同行
2	?		15 ±		69 ?	71.5.5	山　口	単独
3	ディボ		14 ±	?	70.1.11	71.12.18	山　口	その後一時群れに復帰し、再度消失
4	ザスト	?	16 ±		70.2.3-6	71.1.2-7	人工餌場	1 日だけ復帰
5	ニュウ	4	16 ±	新生児	71.7			71.5.24 に上丹生群に移入
6	ゴールド	3	25 ±		73.9-11	73.7.27		独立行動と復帰を繰り返す
6	グレイ	3	7	0M*	73.9-11			母親のゴールドと共に消失
7	ビンキ	4	8	2M	73.12	74.1.12	山　中	娘のブリと一緒に移出
7	ブリ	4	4		73.12	74.1.12	山　中	母親のビンキと共に移出
8	サイド	4	12 ±	3F、2F	74.2	74.2	山　中	娘のセイルと共にビンキに合流
8	セイル	4	6	0M	74.2	74.2	山　中	母親のサイドと共にビンキに合流
8	ミティス	4	12 ±	5F	74.2	74.2	山　中	ビンキに合流
8	ミンク	4	5		74.2	74.2	山　中	エイルと共にビンキに合流
8	エイル	4	9	3F	74.2	74.2	山　中	ミンクと共にビンキに合流
9	ハチ	3	5		74.2-7	75.1.24		単独で移出の 6 か月以上後に復帰
10	ブリ	4	6	0F	76.1.17-30	76.5.27	山　中	母群に復帰
11	ファネル	2	6		78.5	78.8.25	番場村	若者集団で独立遊動
11	プレス	1	6		78.5	78.8.25	番場村	若者集団で独立遊動
11	パーブ 73	1			78.5	78.8.25	番場村	若者集団で独立遊動
11	グライト 74	3	4		78.5	78.8.25	番場村	若者集団で独立遊動
11	ポンコ 74	1	4		78.5	78.8.25	番場村	若者集団で独立遊動
11	ケイブ 74	3	4		78.5	78.8.25	番場村	若者集団で独立遊動
11	レッド 75	4	3		78.5	78.8.25	番場村	若者集団で独立遊動
11	カーム 76	3	2		78.5	78.8.25	番場村	若者集団で独立遊動
11	ポンコ 77	1	1		78.5	78.8.25	番場村	若者集団で独立遊動
12	タカ	4	7		78.4	79.4.10	山　中	レッド、リノと共に離れ雄と一緒
13	レッド	4	19 ±		78.10.20-79.2.2	79.4.10	山　中	タカ、リノと共に離れ雄と一緒
13	リノ	4	7		78.10.20-79.2.2	79.4.10	山　中	レッド、タカと共に離れ雄と一緒

#：1，2，3，4　＝　優位、準優位、準劣位、劣位　　＊：当歳（0 歳）雄を示す。F は雌

（4） その他に、一九七〇年一二月には雄と雌が上丹生群の行動域の中央部にたった二頭だけでいるのを見つけた。雄は私を見て藪の後ろに隠れたが、雌は一〇メートルまで近づいても平然と全身をさらしていた。一時間ほどの観察の後、この雌は雄を追って姿を消した。そして再び見ることはなかった。私の調査開始前か個体識別前に群れにいて、少なくとも川口さんには慣れていたのだろう。

（5） さらに一九七一年の五月には山中で見知らぬ雌がひとりぼっちで歩いているのに出くわした。このサルは私と視線が合うとただちに藪の陰に隠れてしまったが、やがてサル寄せ場にやってきて川口夫人からは手渡しでリンゴを受け取るなど、明らかに私の調査開始以前の元上丹生群メンバーであることを示していた。

（6） もう一例。一九七三年七月、最高齢でいつも群れの最周辺部にいた雌のゴールドは、当歳児を連れて群れ所属だった雄のダークと同時に行方をくらませた。まだ発情するには早い季節だった。ところが二週間後、ゴールドだけが群れに戻ってきた。しかしゴールドは九月に、当歳児を連れた娘のグレイとともに再び姿を消した。一二月にはゴールドだけが再度群れに復帰し、その後も分離行動と復帰を繰り返した後、やがて完全に姿を消した。行方不明の間どこに行っていたのか、そしてその後どこに行ったのか、グレイはどうしたのか、まったく分からない。

ここまでで六例（七頭）。いずれも上丹生群のメンバーか、かつてメンバーだったことを推測させるに十分な雌たちだった。なぜ雌が群れを離れるのか。いや、そもそも雄はみんな若いうちに生まれた群れを離れるのに、大多数の雌はどうして生涯を生まれた群れで過ごすのか。そんな基本的なことをそれまでろくに考えてこなかったことのほうが問題だ。

群れの核は雌

子どもは成長すると親元から離れてゆくのが生物の原則だ。いつまでも同じ場所にいたのではその場の食物資源が欠乏してしまう。哺乳類では娘が比較的親の近くに、息子は遠くまで行ってしまうことが多い（Krebs & Davies 1981）。成熟してからは常に妊娠、出産、育児というハンディキャップを負う雌は、より安全な母親の近くにいることが有利だからだ。それに対してハンディキャップの少ない雄はより良質で豊富な資源の探索を優先する。

このように生まれた土地から出て、よそに生存と繁殖の土地を求めることを生態学では「分散」と呼んでいる（杉山 二〇〇二）。資源が集中して存在している、または資源に対する競争があまり激しくない生息地では、一部の哺乳類は集団をつくって生活する。捕食者に対する防衛がとくに必要な種や生息地でも同様だ。もちろん生態学的条件ばかりでなく、すでに遺伝的に決まっている側面もある。

たとえ資源をめぐる競争が激しくなくとも、競争が皆無なはずはない。だから集団で生活することに伴い、多少なりとも資源獲得競争が個体間において生じることは避けられない。利得のほうが大きいが損失もあるということだ。それならば、自分が得る資源が多少減っても自分と遺伝

写真 2-3　母子の毛づくろいパーティ
集団生活をする多くの哺乳類は母子の集まりを核にしている。霊仙山は多雪地帯なので毛はふさふさと長い。

子の一部を共有する血縁関係者がそれを取得するならば、自分の持つ遺伝子にとって損失は少ないと考えられる。したがって、集団を組むなら血縁関係者と組むのがよい。親子の組み合わせが最高なのは言うまでもない。子にとってより高い安全が確保されるし、親にとっては自分の子孫残しに貢献するからだ。哺乳類では父親が子の世話をする例は少ないので、親子といってもたいていの場合は母子である。

以上の解釈から明らかなように、集団を組む哺乳類の大多数は母子の集合を核としてその親類縁者を基礎に据えている（写真2－3）。そこにより多くの雌資源を求めてよそから雄が接近してくる。ニホンザルもまた例外ではない。

3＊雌の群れ離脱は例外か

一般的現象も原因究明の対象

しかし、全体でわずか五〇頭強、一九七二年時点で一七頭しかおとな雌がいなかった群れとその周辺に、六頭以上もの単独または雄とのカップルだけでいる雌が見つかるというのはどういうことなのか。

このことを一九七二年三月に日本モンキーセンターで行われた研究会の席上でごく簡単に紹介したところ、まもなく「杉山にとって自然とは何か、それが例外的現象ならばその原因が確かめられるべきであろう」という批判を受けた（伊谷 一九七二）。もちろん、その原因が探求されなければならないのは言われるまでもない。しばらく後にその原因究明を発表したが（Sugiyama & Ohsawa 1982）、探求されなければならないのは例外ばかりではなく、よく見られる現象、例外でなくたって同じことだ。前述のとおり、なぜ大多数の雌はその生涯を生まれた群れで過ごすのかという点である。

しかし私は、一般的な現象も稀にしか見られない現象もすべて生物としての原理に基づいて起きているので、むしろ例外的な現象の原因を考えることによって一般的な現象を含めた全体像、すべてに共通する普遍的原理を明らかにできる良い機会に違いないと思うのだ。したがって両者ともに自然現象なのだ。人為が介入しているかもしれないが、それも含めて自然の中で起きた現象として生物の法則に従っているはずだ。人為のまったく介入しない現象など、私たちの身辺にざらにあるものではない。複合的な要素を持った「人為」の中のどの要素が影響するかを探り出すことが大事なのだ。例外だとか人為だとか、次章で述べるような「異常」だとか言ってすますと本質の解明を怠ることになる。

その頃、伊谷純一郎さんは自著の中で霊長類の社会構造の「原猿段階分岐説」を提唱した（伊谷 一九七二）。霊長類進化の過程でまだ原猿だった頃に、雄が分散するタイプの祖先からは真猿類（アジア・アフリカ・中南米に分布するサル類）が、雌が分散するタイプの祖先からは類人猿が誕生したという。そして互いに移行することはありえないのだそうだ。この説に立脚する限りは、ニホンザルの雌が生まれた群れで生涯を過ごし、雄が群れの外へ出て行くのは種に固有の性質であり、雌が出てゆくのは例外としてその原因が追究されなければならないが、雌が居残って雄が出てゆくことについての理由をこれ以上探求する必要はないことになりかねない。ここらへんが思考の食い違い発生の根本原因なのだろう。

現実には、広鼻猿（中南米に生息するサル類）のクモザル（Ateles spp.）、ウーリークモザル（ムリキ）（Brachyteles arachnoides）、ウーリーザル（Lagothrix lagotricha）などのように、類人猿ではないサル類でも雌が群れを出てゆくことの多い種もあることが分かっているし、ホエザル（Alouatta spp.）では雄も雌も生まれた群れを出てゆくことが知られている。現実の霊長類の社会は、どうも原猿段階分岐説のようにすっきりとはいかないようである。

餌付け放棄とその帰結

霊仙山のサルの餌付けは一九六五年に始まったのだが、手間はかかるし、経費ばかりかかって収入の僅かしかない慢性的赤字経営のため、また、少量しか餌は投与していないのに個体数がどんどん増えるため、前述のように一九七三年の八月をもって打ち切られた。それまでも実りの秋には山の中の自然の食物が豊富にあり、群れはほとんどサル寄せ場にやって来なかった。だから九月初めから一一月の半ば頃までは実質的に餌付けをしてこなかった。この年、冬になっても餌付けを復活させなかっただけのことである。

冬になって、サル寄せ場に来ても人工餌のもらえないサルたちは森の中に食物を求めて歩き回った。餌付けの影響が少ないとはいえ個体数は増え、当時六九頭にまでなっていた（図２－２参照）。自然の食物では冬を越せないからだろうか、頻繁に村の裏の畑に進出するようになり、さらに雌たちがてんでんばらばらに行動し始めた。

一二月には二歳の息子を連れた周辺部の八歳雌ビンキが、四歳の娘のブリとともに群れとは別行動をとり始めた。彼女らは翌年の一月に上丹生群の行動域内を三頭だけで歩いているところが観察された。

さらに二月になると、いずれも周辺部の一二歳雌サイドが三歳と二歳の娘を、サイドの六歳の娘のセイルが当歳の息子を連れて群れを離れ、いずれもビンキとブリの家族に合流した。同月、一二歳の雌ミティスと五歳の娘ミンク、九歳の雌エイル、五歳の雌ハチも群れを離れてビンキ集団に合流。こうして、よそから二頭の雄が合流して独立したビンキ創設の一団をS群と名づけた。ハチは一度群れに戻ったが一九七六年四月に再度離脱した。すべて、それまで群れの周辺部にいた低順位家系の雌ばかりだった（表2－3）。

ブリも一度元の群れ（新たにP群と名づけた）に戻ったが、一九七六年一月に再離脱した。こうして人工餌を失った群れは多数の離脱者を輩出しながら急速に畑の作物に依存するようになった。たまりかねた村では猿害捕獲を申請し、一九七七年一一月におとなの雌を主として三〇頭が捕獲された。

これにより母親を失った若い個体も多く、一九七八年五月、群れの中心部にいた上位家系のファネルとプレスという六歳の若い雌二頭を筆頭に、五歳雌一頭、五歳雄一頭、それに六頭の子ども雌と一頭の子ども雄の合計一一頭で、これまでの行動域から約二キロメートル離れた番場《ばんば》村まで高飛びしてしまった（図2－1）。浪花節に出てくるやくざの番場の忠太郎の故郷である。

ここにはサルの群れが一年中生活できるほどの大きな森はなく、畑荒らしをしながらの行動が始まった。これまでサルのいなかった番場村がびっくり仰天したことは言うまでもない。いずれ元の生息地に戻るか全頭捕獲という運命が待ち受けていることは明白だった。無差別大量捕獲のもたらした災難だった。

4＊なぜ雌が群れを離れるのか

高い安全性の価値

さて、なぜ大多数の雌が生まれた群れで生涯を送り、大多数の雄は外に出てゆくのかについてはすでに述べた。つまり群れの中に残る道を選ぶか、外に資源を求める道を選ぶかのプラスとマイナスの損得勘定を動物がしているということだ。もちろん帳簿をつけて計算しているわけではないが、このままではどうにもならない、あるいは、今のままでいるよりもあっちに行ったほうが資源が豊富にありそうだという判断はしているだろう。

一般的に、雌にとって群れの中、とくに母親の近くにいることのプラス面は、大きな安全性と、自分で探さなくても多くの目で探すのでその時季の良質な食物に到達しやすいことだと言われている。とくに安全性の価値は高い。高崎山で群れの分裂に長い時間がかかったことは、このことを如実に語っている。一九七七年の大量捕獲で母親を失った霊仙山の若い雌たちが大挙して高飛びしたのは上記の両方の理由、安全性が失われたことと資源の急速な枯渇によると言えるだろう。

これ以外の時期に餌付けによる人工餌の獲得量が少ない周辺部の劣位家系の雌が離脱したことは、周辺部の個体は群れの中心部から距離をとり、日頃から群れへの依存度が低いことを示している。日常的に半独立行動をしているのである。単独で森の中に食物を求めて歩いてみる。そして戻ってくる。こうしたことを繰り返しているうちに単独で行動することの不安が減少し、たまたま離れ雄と出会って一緒に行動を始めることもあるだろう。

獲得量が少ないのに餌場の隅で待っているよりは森の中に自然の餌を探したほうが、運動による消費エネルギーは増大するが獲得栄養量は大きくなる可能性が高い。このことは西アフリカのギニアから留学して霊長研に来ていた大学院のアリ・スマーさんと横田直人さんが高崎山で明らかにしたことである（Soumah 1991）。こうした条件が周辺部個体の離脱を容易にしていると言えよう。

出たり復帰したりする雌の存在はそんなことを示している。そこに雄が来れば安全性を大きく損なうことなく容易に群れを離れることができる。つまり安全性が低ければ、あるいは低下すれば、そして資源獲得量が外にたくさん期待できれば、雌でも群れを離れる可能性は増大すると考えられる。

他の調査地ではどうか

雌の群れ離脱は、しかし霊仙山だけではなかった。肥大化した高崎山では周辺部の個体がサル寄せ場の近くで待っていても人工餌の獲得量は少ない（杉山 一九九〇）。一九九〇年代に入ってからの高崎山では一〇頭前後の雌と子どもからなる家族集団で独立行動をとっている例があとを絶たない。ニホンザルにとって、人間以外にこれといった危険な敵がいないことも関係しているだろうと考えられる。

箱根の天照山でもニホンザルの群れが餌付けされていたが、個体数が増加したので一九七五年から投与餌を半減したところ、五八頭の雌のうちの一八頭が一〇月から三月の交尾季を中心に群れを離脱したという。そしてその八二％は下位家系のサルたちだった。新しい群れをつくった雌たちも八頭いた（福田 一九八三）。

宮崎県の幸島でも管理上の問題から投与餌を減らしたのに伴って、一九七三年頃より群れの行動についていけないような老齢雌や周辺部の低順位雌たちが群れのまとまりから離れて独自に行動するようになり、やがて雌中心の新群を形成するようになった（森・宮藤 一九八六）。宮城県の金華山島でも、大量の雌がばらばらに行動したことがあったそうだ（伊沢ほか 二〇〇八）。ただ金華山の場合は群れ外の雄が連れ出した例が多いという。霊仙山でも似たような例があったが、大半は自分から群れを離れたものだった。

まれな雌の移籍

雌の群れ離脱はあちこちで起きていた。しかしここで問題として取り上げたのは、例外か否かを論じるためではない。なぜ多くの雌は生涯を生まれた群れの中、とくに母親の近くで過ごすのかである。その条件が崩れたとき、言い換えれば生まれた群れに居続けることの損得勘定が合わなくなったとき、雌でも群れから出てゆく道を選ぶということである。後者の環境条件を知ることによって、前者を含む哺乳類、とくに霊長類の集団形成の原理が明らかになると言っても過言ではない。

もう一つ重要なことがある。親元を離れてよその土地に行き、そこに生存と、できれば繁殖の場を設けることを生態学で「分散」と言うことは前述した。雌の分散例はすでに挙げたようにたくさんあった。しかしニホンザルの雌が分散ののちによその群れに移入した例は少ない。

すでに述べたように、霊仙山の餌付け放棄後、独立行動をするビンキ家系にあとから参加した雌たちがいた。高崎山では分裂直後にAとBの両方の群れを行き来した例や、同じサル寄せ場にやってくる群れ間で移り変わる雌はいた。また幸島では主群から離れて分裂群に移入した若雌が四頭いた（森・宮藤 一九八六）。しかし、いずれも元は同一群のメンバーで分裂後長い年月は経過していなかったか、日常的にサル寄せ場で接触していた群れ間の移籍だった。移入した群れに既知の個体がいたと考えられる。それでも、幸島の例では分裂群に新規加入した若雌は滑らかに移入できたわけではなかった。移入若雌はその群れの雌にとくに強い結びつきをつくろうと苦労したようだ。

すなわち、雌は分散して新しい「繁殖母体」になることはあっても、まったく別の群れの一員になることはほとんどないようだ。これまで知られている限りでは、屋久島西部林道のB群が次第に縮小し、やがて消滅寸前になったとき、残った二頭の雌が隣接群に移ったという（杉浦秀樹未発表)。これは他に生存の道を絶たれた特別な例と考えてよいだろう。

ほとんどすべての雄は生まれた群れ、または移入した群れを離れて、より多くの資源を求めて歩き回っている。したがって、雌は動かないでも雄のほうから雌資源を求めてやってくる。群れの中にいても離れ雄は大勢やってくる。

毎年交尾季になると、わずか五〇頭弱から六〇頭強の上丹生群の周辺にも、六、七頭以上の離れ雄が接近して徘徊しているのを確認していた。分散した雌が移入する可能性のある先は雄が大勢いて少しの雌しかいないような群れだが、そのような群れは分裂直後の高崎山B群を除いてほとんど存在しない。おまけに、よその群れに加わるには、雄には容易に受け入れられてもそこにいる雌たちとの軋轢を解消しなければならない。

このことは幸島の例がよく示している。多くのエネルギーを費やす割に利益は少ないと言える。これが、条件によって分散はするが、雌が他群に加入、すなわち本格的な「移籍」をしないことの主要な原因だろう。

5＊優劣順位と子孫残し率

繁殖成功度を比較する

餌付けの効果が低いとはいえ、自然の食物に比べたらはるかに豊富な栄養を得た霊仙山上丹生群のサルの数はじりじりと増えていった。そして前述のとおり、一九七三年の秋をもって餌付けは打ち切られた。餌付け放棄後も大沢さんと私は全個体の履歴の記録を続けていた。簡単に言えば、出生・死亡と消失・移入という異動の記録である（表2－4）。餌付け環境と自然環境、その両方の環境での優位家系（または中心部）と劣位家系（または周辺部）を区別して、その繁殖成功度を比べてみた。

雄は成熟前後にみんな出て行ってしまうし、移入雄も二年以内にいなくなってしまうので調べることが困難だ。そこで、ここでは繁殖母体である雌だけについて、一九七〇年から七三年までの四年間の餌付け状態と一九七四年から八〇年までの自然環境に戻った七年間のデータを基に分析した。前者のほうが年数は短いが出産数も多いので、使用したデータ数には大差がない（Sugiyama & Ohsawa 1982b）。

なお、ここで優位と劣位について説明しておこう。けんかの場合には、脅したり攻撃したほう

表 2-4　霊仙山の群れの餌付け中と餌付け放棄後の社会的地位による繁殖パラメーターの比較

餌付け中は優位と劣位で大差があったが餌付けを放棄してからは微差になり、最終的な値としての生涯産子数では劣位は優位の 98%にまで接近した。

	自然状態	餌付け中	自然状態	餌付け中
初産年齢	6.5	5.2	**6**	**4.8**
			6.7	*5.6*
繁殖年齢雌の出産率（/ 年）*	0.3134	0.5926	**0.3**	**0.6977**
			0.3243	*0.4737*
平均出産年齢	11	10.2		
生後２年生残率（/2 年）	0.7727	0.8542	**0.8095**	**0.8966**
			0.7391	*0.7895*
２歳以上の年間生残率	0.904	0.9919		
生涯生産数 / 雌	1.309	6.12	**1.318**	**8.586**
			1.301	*5.133*
若雄離脱年齢	3.83	4.42	**3.75**	**4.45**
			4	*4.4*

太字は優位（中心部）家系、斜字は劣位（周辺部）家系

* 餌付け中は 5 歳から、自然状態では 6 歳から 20 歳まで同率で出産と仮定

が優位、歯をむき出して泣き顔をしたほうが劣位だ。日向ぼっこをしているところに別の個体が来ると、そ知らぬ顔をして去ってゆくほうが劣位だ。餌付けをしているときは、間に餌を挟んで取ったほうが優位である。子どもは母親をバックにした対人関係をつくるので、家系ごとに優劣の関係ができている。

餌付けをしていると、餌という「資源」をめぐって優劣の関係は明瞭に見えてくるが、その資源に真っ先に集まってくるのが優位のサルたちであり、これが群れの中心部を構成する。優位のサルたちが立ち去るまで人工餌場に入れないのが劣位のサルたちである。つまり彼らは周辺部を構成する。

餌付けによる繁殖成功度の向上

さて、当然のことながら良質で大量の人工食物

を摂った餌付け条件下では自然条件下よりもはるかに高い年間出産率であり、雌一頭当たり餌付け（五九・三％）では自然条件（三二・三％）の一・九倍にもなっている（表2－4）。餌付けをした前者は圧倒的にたくさん産んでいるのだ。こうして生まれた子が二年以上生き延びた率（幼児生残率）は、餌付け条件で八五・四％に対して自然条件では七七・三％弱しかない。つまり前者のほうがたくさん生き残っている。しかも早く成長していち早く次の子、つまり最初の雌の孫を産むようになる。初産年齢は餌付け条件の五・二歳に対して自然条件六・五歳と、平均して一年以上も早い。こうして餌付け条件下では、サルの群れは個体群として着実に増大した。どの野猿公園もサルの個体数の増大で悩みを抱えるのが当然なのだ。

優劣による繁殖成功度の差

さて、ここまでは十分予測されたことだ。問題は、それらの繁殖パラメーターが個体および家系の社会的地位によってどう違うかである。これを分析した。社会的地位は、群れの中心部にいる優位家系の雌と周辺部にいる劣位家系の雌に二等分した。同じように餌付け中と自然状態に戻ってからに分けてみると、以下の四項目になった。つまり、餌付けと自然、優位と劣位を互いに組み合わせた四分類である。以下、細かな数字が続くので、面倒だと思われる読者は数値を飛ばして読んでもかまわない。

まず雌一頭当たりの年間出産率。餌付け中の優位と劣位では六九・八％と四七・四％で、優位の雌が圧倒的にたくさんの子を産んでいた。ところが自然状態に戻ってからは三〇・〇％と三二・四％で、大差はないがむしろ劣位のほうが高い値を示した。人工餌に大幅に依存していた優位家系は餌付け放棄の打撃をより大きく受けたのだろう。

餌付け中の生後二年の幼児生残率（死亡率の反対）は優位八九・七％に対し劣位七九・〇％で、これも優位の子どもがかなり高率で生き延びていたのに、自然状態では八一・〇％対七三・九％になった。差は縮まったが優劣の差はいくらか残ったようだ。自然状態では劣位の出産率が高かったので幼児死亡率も高いだろうと考えて両者をまとめてみると、自然状態での優位家系の雌は毎年〇・二四三頭の子を二歳まで育て上げていたのに対し、劣位家系は〇・二四〇頭だった。劣位家系は優位家系に完全に追いついてしまった。なお、餌付け中のこの値は〇・六二六に対して〇・三七四で、劣位は優位の五九・七％しかなかったのである。

自然状態の初産年齢をみると優位が六・〇歳に対して劣位は六・七歳で、縮小はしたものの、ここでもまだ一年近い差が残っていた。優位のほうが成長・成熟が早かった。

そこで、これらのデータを基礎に一頭の雌が一生の間にどれだけの子を産むかの生涯産子数を計算してみた。つまり、どれだけ子孫を増やしているかである。それぞれの年齢での生残率と出産率を基礎に、餌付け環境では五歳から二二歳まで、自然環境では六歳から二〇歳まで（ただし六歳では出産する雌は三割）、出産するとして計算した。生まれてまもなく死んだ個体も含めて、すべての雌の平均値である。二歳以降の年間生残率は優劣合わせた数値を適用している。

餌付け中は優位が八・六頭で劣位が五・一頭。劣位は優位の五九%しか子孫を残していなかったわけだ。そして自然状態に戻してからは、優位が一・三二頭に対して劣位は一・三〇頭。劣位は優位の九八%となった。いくらかの差が残ったとはいうものの、優劣の差はほんの僅かしかなかったのである。自然環境における優劣の差とは、このへんが実態なのだろう。

生涯子孫残し数はどれほどか

さて、子どもには雄と雌が半分ずついるのだから、生まれたすべての雌が平均して二頭の子を産めば、個体群は増えも減りもしないで永続するはずである。ここでの自然状態の場合は生涯産子数が一・三なので、安定個体群には不足だということになる。ただ、このデータは餌付け放棄という急激な環境悪化要因がからんでいる。環境容量を超えた個体数が数値を押し下げていると推測される。実際には安定個体群としてぎりぎりの線だろう。

なお、人間社会には合計特殊出生率という統計値があり、二〇〇八年の日本では約一・三七とされている。しかしこれは成人女性の閉経まで（一五〜四九歳）の出産数であり、生まれた女性すべてではない。最近は幼児死亡率が極度に下がったとはいえ、全出生女性数を母数にしたらもっと低い値になる。したがって餌付けを放棄して自然環境に戻された霊仙山上丹生群のニホンザルでも、少子化が問題になっている現代日本人よりはだいぶ高い子孫残し率ということになる。

余談だが、「合計特殊出生率」の基になった用語は“total fertility rate”であり、和訳すれば「全体繁殖率」である。「特殊」はまったく余分である。なぜ「特殊」などという単語が挿入されたのか。本来は“age specific”、すなわち「年齢別」が頭に付くのだが省略されている。“specific”を「別」、つまり「年齢別」と訳すべきところを「特殊」と訳してしまったのだろう。だから本当は、「女性の年齢別出産数の合計」と言うべきところである。ちょっとした誤訳がとんでもない誤解を日本中に広めてしまう悪しき例だろう。

さて、話を元に戻す。ここで重要なのは、餌付け環境では劣位家系の繁殖パラメーターが優位家系の五九％だったのが、自然環境では九八％だったということだ。餌付けがどれほど優位家系に特段に有利に働いていたかが明らかである。そして、劣位家系で周辺部にいてもサル寄せ場に執着していた理由も明らかだ。餌付けがあまり有効に働いていなかったのは最劣位の家系だけだということだ。この最劣位個体こそ、ときどき群れを離れたり帰ってきたりした最周辺の雌たちだったのである。ほんとうは優位と劣位だけでなく、優位、準優位、劣位、最劣位の四段階に分けたかったのだが、残念ながらデータが統計にかけられるほどなかったのであきらめた。

ここで一つ付け加えておかなければならない。前述のように上丹生群の人工餌場は狭い谷間にあり、裕福な邸宅の庭程度だ。だから餌場を中心部のサルたちが占拠している間は最周辺のサルは中に入って人工餌を採ることができない。広い餌場で、どの個体にも満遍なく餌を与えるような工夫をしているところでは、少し違った結果が出ているかもしれない。

顕在化する優劣関係

どの動物も、しっかり子孫を残すためにより多くの良質な資源を獲得しようとしている(Krebs & Davies 1981)。少々広くても限られた範囲に撒かれた特段に栄養豊富な人工餌を獲得するために優位に立ち、より多くの資源を獲得しようとする。そこで優劣の関係が顕在化する。ここでは雄の順位とその繁殖成功度については明らかにできなかったが、少なくとも雌とその家系個体の「順位」とはこうして、良質な食物資源の極度に集中した、すなわち独占可能な人工餌場で顕在化したものだったのである。いわば都市空間のようなものだ。若者がなぜ都会に出て行きたがるかが明らかだろう。争うべき資源がなければ個体間に優劣の差は僅かしか見えてこないのだ。

一方、優位の雄が必ずしも高い繁殖成績を挙げているわけではないという結果については別の研究で明らかにしたが、これについては私が主体になった研究ではなく、また、別に記したのでここでは省略する(Inoue et al. 1992; 杉山 一九九〇)。ただしこの研究も含め、閉鎖環境や餌付け状態も含めて優位雄は劣位雄より発情雌と長い時間過ごしている、また交尾数が多いという研究結果がいくつも出ている。つまり行動的には明らかに雌資源を独占していたが、劣位雄も巧妙に立ち回っていたことが繁殖成功度、すなわち子どもの数という結果との矛盾をもたらしたことになるようだ。行動だけ見れば、やはり優位の雄はしっかり雌を獲得していたのだ。

なお、ニホンザルは季節限定繁殖種なので同時に多数の雌が発情し、このために雄はたとえ優位にあっても発情雌を独占できないが、季節変化の少ない熱帯地方の通年繁殖種はニホンザルと同じマカカ属のサルでも雌の発情は一年中に分散して、このため同時に発情する雌は少なく、したがって優位雄は多くの雌を独占できると言われている。そしてこれらの種では雄間の優劣が厳しくないとのことだ（松村 二〇〇〇）。優位雄にとって、いつも劣位雄を排除していなければならないわけではないのだろう。ただし、これらの現象の違いについては自然環境や生息密度、隣接群との軋轢の多少などいくつもの要因が関係するので、ここでは深入りしないでおく。

さて、このように独占できるようなかたちで食物資源が偏在していない日本の通常の森の中では、たとえ潜在的には優劣関係が個体間にあったとしても、表面に現れる差はほんの僅かでしかないことが明らかになった。

なお、大沢さんは霊仙山と幸島の群れ分裂（宮藤 一九八四）の例を合わせて繁殖成功度の変化を分析し、分裂は主群よりも飛び出したほうの分裂群に有利に働くことを示した。どちらも雌主体の分裂であったが、分裂群は安全性の低下が予想されるにもかかわらず元の場所に居残った主群よりも繁殖成績を上げた、または環境劣化による痛手を小さくすませたということだった（大沢・杉山 一九八八）。ここでもまた、群れ分裂とは弱者が生活困難な現状打破のためにあえて安全性を放棄し、筵《むしろ》旗《ばた》を掲げて独立行動をとったことを明らかにしている。

6＊優劣と順位序列に関する認識の差

優劣は非自然科学的な現象か

以上のように、個体間、あるいは家系間の「順位」とは資源をめぐる競争の結果として顕在化してきた優劣関係だというのが私の認識であり、自然科学としての生物学的な結論である。雌にとって優位であるということは、（食物）資源獲得の優先権があることと社会的なストレスの少なさに基づいて繁殖成功度が高いことを意味するというのが、大方の結論として今日では認められている（Fedigan 1983）。

なお、それまでに公表された多数の論文を通読して右の総説を書いたリンダ・フェディガンさんは、捕獲されてアメリカに運ばれた京都・嵐山の囲い込みニホンザル群の研究結果から、「いや、それよりも長生きしたほうが最終的に多くの子孫を残している」と主張した（Fedigan et al. 1986）。長生きしたほうがより多くの子孫を残すという結果を私も否定するつもりはない。しかし餌付け下の霊仙山では、子どもはもちろんおとなも優位家系の子の死亡率は劣位家系の子よりも低かったので、優劣家系の子孫残し数の差はさらに開くことになる。それに、私が問題にしたのは優劣が目の前の資源獲得に影響し、それが子孫の多寡を導いていることであって、フェディガンさんの主張と矛盾するわけではない。

ところが、これに対してもまもなく反論が出された。すなわち、「社会構造にまつわる諸問題は非自然科学的な問題である。例えば順位という純粋に社会学的な現象を繁殖効率によって生物学的な意味づけをしようとしてもランダムな結果しか出てこない」というのである（伊谷一九八五）。

しかし、雌に関して優位家系は、とくに塀で囲った飼育群や餌付け群では高い子孫残し率を示すこと、優位の雄は高い雌確保率を示すが子孫数には反映している場合もいない場合もあること等が、一九八〇年代までの多くの研究によって広く認められている。

人間視点を導入して動物の研究に新しいパラダイムを築いたことは世界に誇れる素晴らしいことだった。そして霊長類学は創始者の思惑を乗り越えて発展し、幅広く生物学、人類学、心理学全般にはもちろん、社会科学の中にまで幅広く根付くに至った。しかし、霊長類の示す現象の解明においては人間視点が重要であると同時に生物の視点もまた重要な役割を果たすと私は考えている。いや、サルや類人猿に限らず、人間の行動や社会に対してさえこれは当てはまると思う。最近は霊長類の視点から人間社会の現象の生物学的な基盤を明らかにしようとする試みが多数行われているほどだ（杉山 一九八四、西田 一九九九、西田ほか 二〇〇三、山極 一九九四、ほか多数）。

多様な視点で考える

自然界で起きた現象にどのような視点からアプローチするかは各研究者の関心の方向性に基づくが、同じ現象である限り多様な視点からの分析と結論に、相互の整合性と融合を求めようとする努力が必要だと私は考えている。自分以外の視点を排除する必要はまったくない。その意味で、霊長類の世界に「純粋に社会学的な現象」など存在しないと断言してもよい。「性の問題や食の問題は生物学では解けない」(伊谷 一九九六)というのは明らかに誤りだと思う。たとえ社会学的な側面の強い現象であっても、それを生物学的に解明しようとするアプローチ、生物または生態視点もあったほうがよいと思うのだ。もちろん人間視点もだ。さらに言えば、次章で登場するような遺伝子視点も。

なお、最近鈴木滋さんが言っている、「他個体との相対的な社会関係の集積としての直線的順位序列は、いわば社会的な仮構」(鈴木 二〇〇八)だという指摘はそのとおりだろう。また、誰が言い出したのか不明だが、かつてよく言われた「順位制」とか「リーダー制」というような「制度」をサルの社会に想定することも無理だろう。これらの発想はサルの行動や生態現象の解釈を社会学に閉じ込めたことの弊害だったのではないだろうか。

もっと言えば、「順位」そのものについても最近は疑問に思うようになった。あるのは資源をめぐる競争が生じたときに顕在化する個体間の優劣だけである。優劣を並べればほぼ一列に並ぶに違いない。しかしそんなことを言ったら、そこらで拾ってきた石ころを並べたって、重さに関してても体積に関してもほぼ一列に並ぶだろう。わざわざ順位などという紛らわしい用語を持ち出す必要はさらさらないように思う。

私は生態視点を重視していることを何度も述べたが、それは人間視点に偏ることを避けているだけであって、後者の視点の重要性も決して疎かにしてはいないつもりだ。

7＊群れの輪郭

社会単位と繁殖単位

もう一つ未解決の問題がある。これまで大勢の研究者がニホンザルの群れの構造を調べ、その詳細を明らかにしてきたが、その輪郭の境界線とさらに外側については曖昧なままなのではなかろうか。霊仙山では餌付け停止までに群れサイズは六九頭まで増大したが（図2－2）、常時四頭から六頭の成熟雄（六－七歳以上）がいた。そして、そのすべてが一年以内にどこへともなく姿を消したことを述べた。さらに秋から冬にかけての交尾季には、熱心に調べた年には一四頭、あまり熱心ではない年には六、七頭の離れ雄が群れの周辺にやってきたことを確認した。一度しか見なかった雄もいれば、数か月にわたって長期に姿を見せ続けて、やがて交尾季の終わった後も群れに居ついた雄もいた。

群れに接近してきた離れ雄を個体識別しながら全頭完全に把握することは、片手間ではできないかなりの難作業である。だからほとんど誰もやっていない。一方、雌がいなくなれば即死亡という先入観を持っている人にとっては、行方不明の雌を森の中に探して回ることは無駄な努力ということになる。こうして、常時行動を共にしている社会集団の外に目を向けるという労多くして成果の少ない作業を、行動研究者はあまりしてこなかった。

辺縁部が曖昧で流動性に富んだ霊仙山の群れがニホンザルの変異の端にある特異な存在なのか、それともごく普通なのか、比べる資料がほとんどないのが実情だ。それは、群れという「社会単位」の外にいるが「繁殖単位」には属している個体、つまり離れ雄についての情報が多くは集積されていないことによると言える。

第３章

神の使い

——子殺しをするハヌマン・ラングール——

1＊集中調査地点を絞る

補欠昇格でインドのサル調査へ

高崎山の群れの分裂を主題にして修士論文を書き、今度こそは生態に基礎を置いた霊長類の研究をと意気込んで、同輩の和田一雄さんや東滋さんとともに、まだ餌付けされていなかった志賀高原の地獄谷や東北の朝日連峰などを歩き回っていた（和田ほか 一九六〇）。国鉄（現在のＪＲ）の周遊券だけを持って寝袋を担いでの貧乏旅行だった。

そんなとき、指導教官の宮地伝三郎教授からインドのサルの研究をしてみる気はないかと声をかけられた。インドに本格的な調査隊を送る話は前から聞いていた。先輩の川村俊蔵さん、徳田喜三郎さん、そして一年後輩だが探検家の吉場健二さんがすでにメンバーとして決まっていた。ところが勤務先の授業を長期にわたって空白にするわけにはいかないとのことで、徳田さんがやむなく辞退された。その頃、今西錦司さんと伊谷純一郎さんを中心に東アフリカでのチンパンジー長期調査計画が進められており、東さんらはチンパンジー調査の主力メンバーとしてすでに確保されていた。空いているのは私だけだったようだ。

私の知らないところで開かれた上層部の会議で、他に誰もいないから、ちょっと頼りないが代理に杉山でも行かせようかということになったらしい。つまり、もうあとには誰もいない最後の補欠昇格だったわけだ。日印合同サル類調査隊という堅苦しい名前のチームで、一九六一年四月二一日に日本を出発した。

余談だが、当時、指導教官が目の前で指導を続けることのできない海外での研究に従事する場合、大学院生は休学することが原則だった。いや、そもそも海外での研究といえば欧米への留学ばかりで、発展途上国での長期の海外調査は私たちが日本では最初だったようだ。宮地さんが「しっかり指導する」との約束の下に文部省に直接交渉し、あちこち奔走してくれたおかげで、大学院生が在学のまま長期の海外調査を遂行できるようになった。大学院生が受身の被教育者である以上に、何割かは自主的に研究を進める存在であると認められるようになる、日本で最初の壁が破られた瞬間だったと言ってもよい。

アメリカのロックフェラー財団は世界各地に多方面の分野の研究所を有しており、西インドのプーナ（現在のプーネ）にはウィルス研究所があった。南西インドのキャサヌールという森（Kyasanur Forest）の周辺の村にウィルス性の熱病が発生し、これがきわめてゆっくりと拡大しているのだった（Boshell 1969; Bhat 1990）。ウィルスはダニが媒介し、そのダニは森にすむハヌマン・ラングール（Presbytes entellus、現在では Semnopithecus 属とされている）というサルに寄生している（写真3－1）。この病気の超スローな拡大の疫学的研究のためには、ハヌマン・ラングールの生態や行動を知る必要があった。

写真 3-1　ダルワールのハヌマン・ラングール
銀灰色の羽毛に覆われ神の使いに相応しい美しいサルである。ダルワールのハヌマン・ラングールは尻尾をクエスチョン・マーク（？）のように立て、とくに優美だ。

その頃、日本人がサルの生態研究をしているという話はやっと欧米にも広がりつつあり、この話が国際会議で精力的に日本の霊長類研究を紹介していた宮地さんのところに持ち込まれたわけである。これが日本の霊長類研究グループの最初の長期海外研究になった。つまり発端はエピデミオロジー（流行病学）の周辺研究だったわけだ。私がハヌマン・ラングールという種類のサルについて持っていたのは、それまで霊長類の分類表の中で、ニホンザルと同じ狭鼻猿類だがもう一つのコロブス亜科（Colobinae）に属するという程度の頼りない知識だった。

ちなみに、ニホンザルはオナガザル亜科（Cercopithecinae）に属し、コロブス亜科と合わせてオナガザル科（Cercopithecidae）

写真 3-2　ダルワール・ハリヤール街道沿いに立つハヌマン像
日本のお地蔵さんのようにあちこちに立っている。その役割もお地蔵さんそのもので、住民を守ってくれる存在だ。

を構成する。オナガザル科は類人猿を除くアジア・アフリカ生息のすべてのサル類を含んでいる。

インドの主要な宗教であるヒンズー教では、ハヌマン・ラングールはラーマーヤナに登場するラマ神の使いとして敬われている（写真3－2）。だからどこに行っても人間といさかいなく共存している。観察はニホンザルほど難しくはなさそうだ。

郡都ダルワールを拠点として調査に入る

ウィルス研究所のハロルド・トラピドさんとホルヘ・ボッシェルさんのアドバイスもあって、キャサヌールから五〇キロメートルほど北のダルワール（現在のダルワード）に住み着くことになった。あまり近くては病気に感染する恐れがある。あまり遠くては行動的に異なる可能性が出てくる。キャサヌールとは行き来の可能な距離で、しかも比較的生活しやすい場所を選んでくれたわけだ。もちろん観察を主とする調査方法なので、ハヌマン・ラングールの生息密度が高いことも条件のうちだ。

ダルワールは郡庁所在地で、新設のカルナタク大学が郊外に建設中であり、伝統のある短大(カレッジ)もある。郡庁ではあらゆる用事は郡長のサインが必要で、郡長がお茶を飲みに外出していると戻って来るまで、ときには翌日まで待っていなければならない。だから正式には郡庁とは言わず、「郡長の事務所」だった。郡長のいる町に住むことは重要だったのである。

ちなみに、この地方はカルナタカと呼ばれ、日常的にはカナリース語を話す。学校では政府の指示に従ってヒンディ語を習い、短大以上では英語で教育される。現在はカルナタカ州になっているが、当時はずっと南に中心があるマイソール州に属していた。

ダルワールに居を定めたのは正解だった。でも戦中戦後の耐乏生活に慣れている私としては、もっと調査地に近い場所、調査地の直近の村がよかったとのちに後悔した。とにかくダルワールの町の辺縁部、さらに郊外にあるカルナタク大学との中間地点にあった一軒の大きな空家を借りきり、プライメイト・リサーチ・ステイションと名づけ、そこを基地として調査を始めることになった(写真3－3)。霊長類研究所を名乗った、たぶん世界最初の施設だった。

宮地さんと川村さんは大学の授業があるからとのことで根拠地の家は外から見ただけで早々に帰国し、長期滞在と調査のための諸手続き、日本から送った調査機材や生活物資の煩雑な輸入手

写真 3-3　プライメイト・リサーチ・ステイションと名づけたダルワールの我が家
「霊長類研究所」を名乗った、たぶん世界最初だろう。

続きと搬入、おんぼろジープの購入とインドの運転免許の取得、借りた家の強欲家主・コッパルカルさんとの丁々発止の交渉、郡長からの各種の許可取得、森林管理事務所との交渉、その他もろもろの日常生活の確立、それらのすべてを吉場さんと二人でやってのけた。

その間、吉場さんは肝臓と腎臓を悪くして宿舎で静かに原稿執筆などをしていることが多く、私の責任は絶大だった。そもそも外国生活が初めての私にとってこれらは大変な仕事だったが、良い経験になったとは思う。このとき、新しいフィールドの開拓はフィールドワーカーにとって欠くことのできない必須の仕事だと理解するに至った。霊長類研究グループのリーダーの一人だった今西さんの方針は、まず初心者をフィールドに放り出すこ

写真 3-4　明るく開けた乾季のダルワールの林
見通しが良く、樹上からなら隣接群はもとより雄パーティの接近をいち早く見つけることができる。

とだと聞いたことがあるが、こういうことだったのだろう。

自分で開拓したフィールドだから思い通りにやるぞ、と意気込んだのは言うまでもない。ダルワールの西、ダンデリまでの間の明るい落葉樹林を中心に調査を進めることは宮地さんの滞在中にほぼ決めてあった（写真3－4）。

その手前、西南西三四キロメートルのハリヤールの町までおおよそ真っ直ぐに走っている道路を主軸にして、途中の耕地・草原地帯と落葉樹林に的を絞り、その中でできるだけ広範に基礎調査をしてから最も適当な場所に集中しようと考えた（図3－1）。

そのためにダルワールの町を外れて三キロメートル付近の耕地と草原の入り混

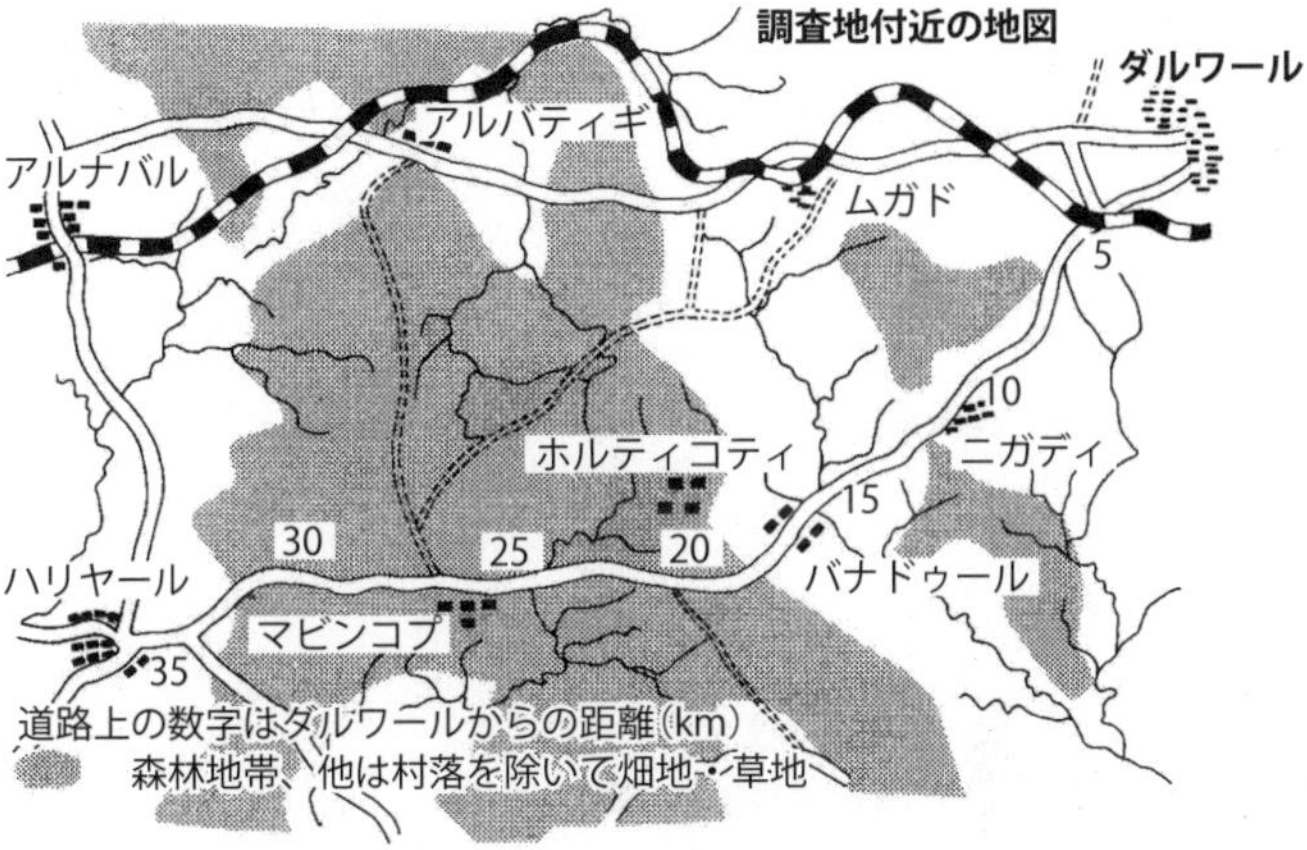

図 3-1　ダルワールからハリヤールまで
ダルワールから西南西に伸びるハリヤールまでの道路周辺を主な調査地に選んだ。

じった地帯からハヌマン・ラングールを探し始め、ハリヤールの町の手前五キロメートルまでの二六キロメートルを毎日往復して、道路から見えるところにハヌマン・ラングールを見つけては性年齢別に個体数を数え、可能な限り個体識別をし、行動を記録し、観察のしやすさを探っていった（表3－1）。

人と接触の多い村近くの畑荒らし専門の群れは、のちのち農民との間にトラブルが起こるだろう。おまけに物見高い村人の邪魔が入りやすい。森の奥深くの群れは臆病で観察が容易ではない。森林地帯で道路に沿ったところが一番よさそうだ。さらに、この付近にはニホンザルに近縁のボンネットザル（*Macaca radiata*）も共存している。両者の関係も調べられるだろう（写真3－5）。

表 3-1　ダルワールから 3 ～ 29km のハヌマン・ラングールの群れ構成（1961 年・1976 年）

1961 年は両性群（T）36 と雄パーティ（P）6 を見つけた。前者は大部分が単雄群だったが 6 群は成熟雄が 3 頭以上いる複雄群だった。後者には一部子どもも含まれていた。これら「例外」の疑問は社会変動の観察で一挙に解決した。

	1961 年①					1976 年②				
距離	T・P	群サイズ	成雄	成雌	未成熟	T・P	群サイズ	成雄	成雌	未成熟
3	T	10	1	6	3					
4	T	9	1	2	6					
5										
6	T	11	1	5	5					
7	P	9	6	0	3					
8	T	12	1	8	3	T#	3	0	2	1
9						T	10	1	8	1
10	T	17	1	9	7	T	10	6	2	2
11	T	19	1	13	5	T	26	1	15	10
12	T	21	5	8	8					
13	P	10	8	0	2					
14	T	21	1	14	6	T	8	1	4	3
	T	19	1	9	9					
15	T	9	1	7	1					
	P	7	7	0	0					
16	T	18	2	10	6	T	14	1	7	6
17	T	23	1	10	12	T	16	1	9	6
	T	22	6	7	9	T	27	1	13	13
18	T	12	2	8	2	T	15	1	9	5
	P	11	11	0	0	T	30	1	14	15
19	T	11	2	6	3	T	17	1	7	9
	T	16	1	8	7	T	14	1	7	6
	T	13	5	4	4	T	32	1	15	16
20	T	21	1	11	9	T	17	5	5	7
	T	23	1	13	9	T@	5	0	3	2
	T	20	1	8	11					
21	P	32	24	0	8	P	15	10	0	5
	T	12	1	6	5	T	14	1	7	6
	T	24	3	11	10					
	T	16	1	13	2					
22	T	12	1	6	5					
	P	2	2	0	0					
23	T	11	1	9	1	T	16	1	8	7
	T	12	1	7	4	T	11	2	9	0
	T	11	1	5	5					
	T	17	7	6	4					
24	T	9	1	6	2	T*	6	1	3	2
	T	10	1	7	2					
25	T	10	1	7	2	P	7	7	0	0
	T	11	2	9	0	T	17	2	9	6
26	T	19	4	9	6					
	T	11	1	6	4					
27										
28	T	11	1	5	5					
	T	15	1	7	7					
29	T	17	1	9	7					
合計		626	123	294	209		330	46	156	128
T 平均	(36)	15.7	2.0	8.2	5.5	(20)	10.9	1.0	5.5	4.4
P 平均	(6)	12.2	10	0	2.2	(2)	11	8.5	0	2.5

①では成雄が 3 頭以上いる群れ（薄いアミカケ）が 6 群もいて平均サイズを拡大させ、②よりずっと大きい（濃いアミカケは雄パーティー）。

は群れの中心部未発見、@ は成熟雄未発見、＊は雄が成熟直後。1976 年の平均値に # 群は含まれていない。

写真 3-5　ダルワールのボンネットザル
体はずっと小さいのに、広い遊動域を持ち、ハヌマン・ラングールを押しのけて林の中を活発に闊歩していた。

与えられた第二群・第四群と、自ら探したドンカラ群

こうしてダルワールから約二一、二キロメートル地点を中心とする八群を主たる調査対象に選び、各群の個体数と性年齢構成（ポピュレーション・センサス）を確認し、主だったメンバーの個体識別を始めた（図3－2、表3－2）。調査開始から約二か月が経過し、雨季を経て、そろそろ雨の少ない季節になっていた。

日本を出発してから半年未満、次々とステップを踏んで、自分ではかなりのスピードでここまできたと思っていた。ところが日本での仕事に区切りをつけて再渡印した川村さんの逆鱗に触れてしまった。「なぜもっと早く調査群を特定して

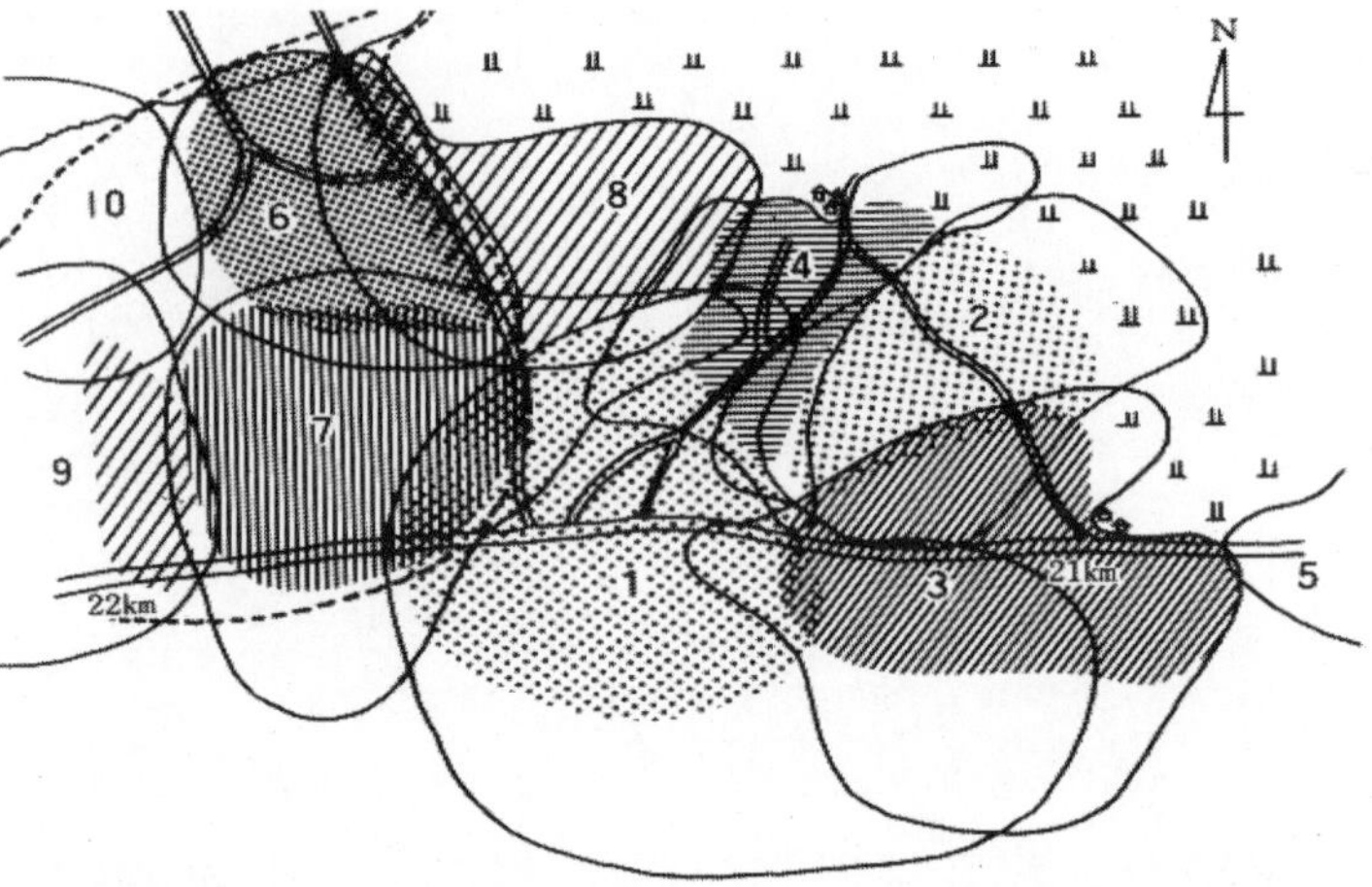

図 3-2　主要調査地のハヌマン・ラングールの行動域

数字は群れの名前。実線は各群の行動域で点線は雄パーティの出没域。各群の縄張りは群れによって色分けしてある。二重実線は道路でダルワールからの距離が示されている。北東部には耕地があって群れは常住していないが、森林部分はハヌマン・ラングールの小さな行動域がどこまでもびっしりと敷き詰められていた。

個体識別をしないのか、そんなにぐずぐずしているのなら日本に帰れ」とまで言われた。

そのときの私は、ただ理不尽な叱責を受けたとしか思わなかったが、川村さんにとっては、特定群のメンバーの個体識別をして、その群れの個体間の関係を調べて社会構造を徹底的に洗い出すことこそが霊長類学であり、広域調査だのポピュレーション・センサスなどの生態学的な調査は不要だとの考えだったようだ。それこそは世界で最先端を走る自分たちがつくってきた動物社会学であるとの自負があったのだろうと、後になって思った。広域調査と言ったってせいぜい二六キロメートルとその周辺だ。

こうして、自分で主調査地を選定し、

表 3-2　ダルワールから 21 ～ 22km の 8 群の構成と行動域面積

主調査地の群れは平均 16 頭ばかりのすべて単雄群で、9ha にも満たない縄張りをしっかりと守っていた。

群名	成熟雄	5-6 歳雄	成熟雌	0-4 歳	合計	行動域 *	縄張り *
1	1	2	11	10	24	31.5	15.8
2	1	0	7	9	17	13.9	6.5
3	1	0	6	5	12	10.5	9.7
4	1	0	8	1	10	10.3	5.0
5	1	2	8	11	22	26.6	11.7
6	1	0	6	3	10	12.5	8.0
7	1	0	13	2	16	19.0	10.4
8	1	0	11	4	16	11.9	7.1
平均	1.0	0.5	8.8	5.6	15.9	17.0	8.9

＊行動域は平静状態で群れの行動した全域、縄張りは他群を排除した範囲

最も楽しみにしていた二四頭の最大群、第一群は川村さんに取り上げられ、私にはその隣の小さな一七頭の第二群が与えられた。インド側から参加した、私よりずっと年上のM・D・パーササラシーさんの指導まで大学院生の私に命じられ、第四群を彼と一緒に観察することになった（図3－2）。私たちがパーサと呼んだ彼は、あまり鋭さはないが好人物で、若造の私とうまくやっていくことができたのは幸いだった（写真3－6）。吉場さんは少し離れたところの二二頭いる第五群を選んだ。第一群も第五群も大きな群れで、いずれにも成熟間近の成長した雄がいた。

暑い日中のハヌマン・ラングールは動きが少なく、観察していても退屈なことが多い。とくに第二群と第四群は小さいのでなおさらだ。そこで私は、最初の広域調査で見つけておいた、集中調査地までの途中、ダルワールの町から一四、五キロメートルにいたドンカラ群と名づけた二四頭の群れを三番目の調査対象に採用した。ドンカラ川の川辺の林を主要行動域とする群れだ。大きな群れと小さな群れの

写真 3-6　川村さん（左）とインド側の研究者、パーササラシーさん（右）
1962 年、ダルワールの西、ダンデリの森林事務所にて。

行動比較を考えたのと、成熟間近の若雄一頭と子ども雄が五頭もいて、彼らが成熟したらどうなるのだろうかということが気になったからだった。本当は第一群でこそ調べたかったことだ。

2＊社会構造と種内子殺し

ハヌマン・ラングールの群れの常態

ハヌマン・ラングールの社会構造についてはすでに詳しく紹介したことがあるので（杉山一九八〇）、ここでは簡単にすませることにする。すでに大筋をご存じの読者は斜めに読み進んでいただきたい。

ダルワールからハリヤールにかけてハヌマ

ン・ラングールの群れの行動域がびっしりと並んでおり、四二集団を記録したが、三六の両性群のうち二七群は大きな雄が一頭しかいない単雄複雌群（通常、単雄群という）だった。サルの群れといえば複雄複雌群（同様に複雄群という）をつくるニホンザルしか知らなかった私にとって、これは最初の驚きだった。

しかし大きな雄が五頭、六頭、あるいは七頭もいる群れがあった（Sugiyama, 1964; Sugiyama & Parthasarathy, 1979）。他方で、屈強の雄だけで騒然と動き回る集団を六つも見つけて、彼らが群れから疎外された存在であることはただちに理解した（表3－1）。ときにはこの集団に子どもの雄が混じっていることもあり、日々頭数が一定しておらず、しかも縄張りを持たないで広範囲を動き回っているようだった。ルーズな集まりとしてこの連中を〝雄パーティ〟と名づけた。調査地内の全個体を合わせるとおとな雌は雄の二・三倍ほどいたが、狭い行動域内に定住していない雄は危険が多いだろうから死亡率も高い可能性があり、この程度の比率ならニホンザルと大差はないだろう。

雄も雌もいる両性群は、集中調査地の八群平均でわずか一七ヘクタールほどの範囲を行動域として日常生活を完結させていた（図3－2、表3－2）。群れの中は平穏で、赤ん坊は雄の近くでも平気でじゃれ合っている。雄も赤ん坊に寛容だ。雌、とくに若い雌たちは赤ん坊に強い関心を示し、赤ん坊を抱いてあやそうとするし、母親は出産の翌日から簡単に子守り娘に赤ん坊を渡して、平気で採食したり寝たりしている。赤ん坊は次々と別の雌に受け渡されて、そのうちどこに行ったか分からなくなってしまうことさえある。見えなくなってからあわててわが子を探し始めるなど、出産季にはなんとものん気な、かつ微笑ましい光景が頻発した。

しかし、行動域の周辺部で二群が接近すると隣接群同士で互いに威嚇し合い、ときには雄が相手の群れに突進して雄間で激しい追いかけ合いなどが起こるので、隣接群の進入を拒否する範囲を縄張りとすると、八群平均で縄張りはわずか八・九ヘクタールだった。つまり、三〇〇メートル×三〇〇メートル以内なのだ。葉っぱを主食にする彼らにとっては、それでも一年中生活していけるのだろう。

その一方で、雄パーティが近づいてくると群れの雄はぎりぎりと歯ぎしりして最大限の威嚇を示し、ラウド・コールと呼ばれる大声を発して追い払おうとした。たいていの場合、雄パーティはこれを無視してゆっくり採食などしながら遠ざかるのだが、ときには猛然と反撃に転じることもあった。

社会変動に遭遇する

雄パーティが引き起こした抗争のうちの一回が、一九六二年五月三一日にドンカラ群で起きた事件だった。七頭の雄パーティがドンカラ群を襲い、ドンカラ群の雄に大怪我をさせた（図3－3）。襲撃は連日続き、ドンカラ群の雄、ドンタロウはついに群れを放棄して、数日の間周辺から接近を繰り返して反撃の機会をうかがっていたが、徐々に離れていった。こうして七頭の雄

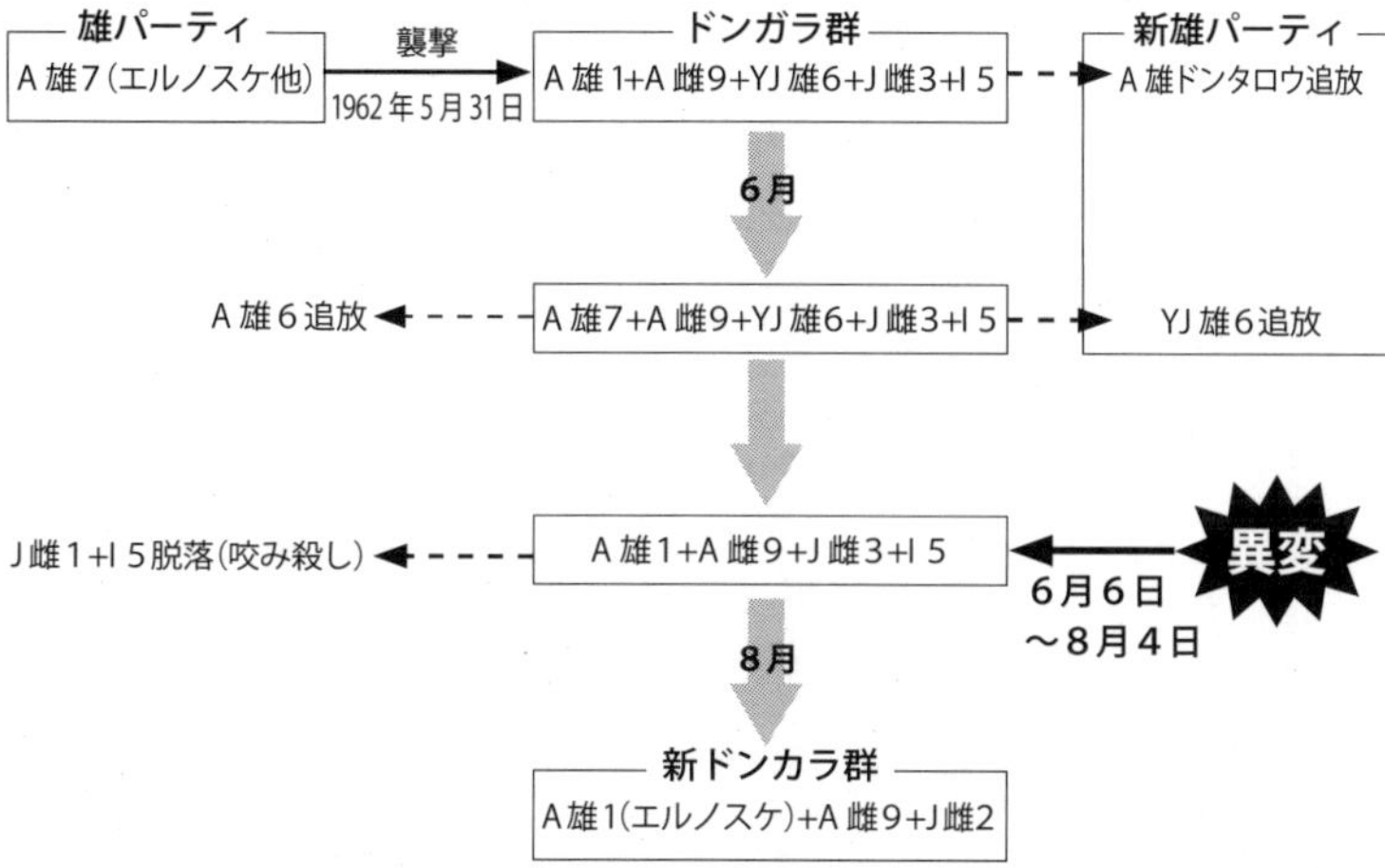

図3-3　ドンカラ群の社会変動過程

子どもたちが成長して大型の複雄群になる前に雄パーティに乗っ取られて、ほとんどの群れが単雄群に「若返り」するのだった。　A＝おとな、J＝こども、YJ＝こども前期、I＝赤ん坊

パーティは群れの奪取に成功したが、次には雄パーティの雄同士でも争いが起こり、結局、最も強く、ドンタロウと激しく戦ったエルノスケ一頭だけが群れに残り、残りの六頭は追い出されてしまった。追い出された連中は数日は未練がましい声をあげながら群れについて歩いていたが、彼らもやがて少しずつ離れていった。この間に幼い子どもの雄も新しい雄のエルノスケに威嚇されて、元の群れ雄であるドンタロウについて全員出て行ってしまった。こうして六月五日には、雄は子どももいない典型的な単雄群になってしまった。

これでダルワール中のハヌマン・ラングールの群れの大部分が単雄群であり続けること、雄の子どもが群れにあまりいないことの過程がほぼ理解できた。単雄群構造の継続維持機構が世界で初めて明らかになったのである。

その後の調べによれば若い雄は自ら離脱することもあるようだが、外からやって来た雄に追い出されることが多いようだ。そして小さな雄パーティをつくるか、大きな雄パーティに合流して放浪の旅を続けるのだろう。

広域調査の間に大勢の雄を含む群れをいくつか見ていたのを思い出し、早速その場に戻って見た。しかし、もう雄の大勢いる群れなどは存在せず、たいていは単雄群に変わっていた。広域調査の頃は、どうやら社会変動真っ最中の群れを観察していたようだ。

衝撃的な事件が起きたのはその後だった。

新入り雄による〝子殺し〟が発生

再編成された新ドンカラ群がこれで安定するかと思われたが、雌たちは赤ん坊か、せいぜい一歳の子どもをお腹に抱えており、興奮して荒れ狂う新しい雄のエルノスケを敬遠して近づこうとしない。エルノスケは苛立ちを示し、元の雄のドンタロウが完全に姿を消した六月六日、ついに異変が始まった。

エルノスケは赤ん坊を抱えた雌を追いかけ、雌たちは必死に逃げる。その場は逃げても行動域の外までは出てゆかず、まもなく戻ってくる。たとえ出て行っても、そこは隣の群れの縄張りだし、あるいは立木の少ない危険な場所だからだ。そこには獲物を探すジャッカルや、ときにはトラが出没する。

やがて赤ん坊は雄に咬まれて、即日、あるいは翌日には脱落していった。確認した限りでは、いずれも尻尾やお尻や後ろ足などの下半身を鋭く切り裂かれていた。雄の犬歯によることは明らかだった。当歳児の五頭全部と一歳児（雌）一頭の六頭がこうして脱落した。残った未成熟児は一歳の雌二頭だけとなった。

これらの事件は六月中にほぼ完了した。母親はしばしば抵抗することもあったが、雄との体力差は圧倒的で、最終的には逃げ惑い、摑まり、そして子どもを傷つけられた。傷ついた赤ん坊を母親は放置した。いつもなら自分でついてくるはずの赤ん坊が動けなくなったのを理解できなかったのか、さもなくば、もはや生き延びられる可能性のない赤ん坊に見切りをつけたのかは分からない。

赤ん坊を失った母親はまもなく発情し、新入り雄のエルノスケと交尾した。そして半年後の一二月から一月にかけて、九頭の雌のうち七頭までが出産した。出産しなかった二頭の雌のうちの一頭は一歳の娘が殺されなかった母親である。

赤ん坊は母親のお腹にしがみついており、雄は後ろから追いかけてくるので、赤ん坊の下半身に噛み付く前に母親のお尻や足に雄は咬みつくはずである。しかし事実はそうでなかった。だから雄は、明らかに赤ん坊を狙って咬んだのだ。長い間雄が狙った本当の攻撃対象が分からなかったが、標的は赤ん坊だったのだ（図3－3）。

野外実験で子殺しを確認

そんなことってあるのだろうか。たった一群の例だけでは誰も信用しないだろうと思った私は、思い切って自分の担当である第二群の雄を取り除いてみた。

野外実験は研究を始めた頃から考えていたことだった。実験開始後、初めの数日間は何事もなかったかのように雌と子どもたちだけで狭い行動域内を動き回っていた。ところが接近してきた第四群の雄がいつものように威嚇しても、第二群からは雄の反応がない。そのまま二度、三度と接近した後、第四群の雄は第二群のど真ん中に突入してきた。それでも雌たちが逃げ惑うばかりで雄の反撃がない。こうして第四群の雄はドンカラ群の場合と同じように第二群の雌たちを攻撃し、すべての赤ん坊を咬み殺してしまった。そして二つの群れに君臨するようになった。

しばらくの間、第二群の雌たちは自分の行動域に執着していたが、やがて第四群に合流した。ここでも赤ん坊を殺された第二群の雌たちはやがて新しい第四群の雄と交尾し、ドンカラ群の場合と同じように半年後に子どもを産んだ。乗っ取った群れの雌の赤ん坊を片っ端から咬み殺す行動は、もはや疑う余地がない。

二つの例の違いは襲撃者が雄パーティだったか隣接群の雄だったかだけで、虎視眈々と雄の弱っていそうな群れを狙い、乗っ取りに成功したらいち早く赤ん坊を排除して自分の子をつくることに変わりはない。

前述のように、初期の広域調査でもこれに類することを見ていた。ただ、きちんと全員の個体識別をし社会構造を把握しての観察ではなかったので、何が起こったのかを十分に継続記録できなかっただけだ。その後に第五群で起きた例のように、外来の雄が完全には群れを奪取することができず、群れが二つに分かれて行動域を分割したような例もあった。この場合、第五群の元の雄は縮小した行動域で数頭の雌と居残ることに成功した（Yoshiba 1967）。

さらに第五群の襲撃に参加しながら分裂群にも入り込めなかった雄パーティの三頭の雄が第七群を襲撃して、その乗っ取りに成功した。さらにさらに、第七群にも入れなかった雄たちは第一群を襲撃してこれを奪取した（Sugiyama 1967）。事件のドサクサの間に第一群の若い雌が騒動中の第七群に移籍した例などもあった。しかし、最終的には同じような結末を辿るのだった。詳しい経過は拙著『子殺しの行動学』（杉山一九八〇、一九九三）を見ていただきたい。

ただ、それらの経過を完全に掌握する前に二年の調査期間が終了してしまった。若い雄はみんな、そのとき群れにいた雄の実の息子だったのだ。だから最年長の子ども雄は群れ雄がその群れを奪取した半年後に生まれたと推測できる。こうして、平均すると二年強に一回の割合でどの群れでも雄の交代が起きている勘定になる。成熟近い若雄のいる第一群やドンカラ群や第五群は長続きした群れであり、息子が一、二歳までしかいない第二群や第四群はまだ新しい群れだったということが分かる。群れ乗っ取りを何回も見たのは、決して間違いではなかった。群れ乗っ取りの最中だったのだ。広域調査の際に雄の特別に多い群れをいくつも見たのは、決して間違いではなかった。

写真 3-7　ラッセル・バイパー
敏捷ではないが猛毒の持ち主で、咬まれたら命はない。枯葉色をしていて獣道に丸太のように転がっているので、気をつけていないと見つけられない。

どうしてこんなことになるのか。最初の事件が交尾季の始まる頃であり、性的衝動の高まったあぶれ雄たちが雌を求めて群れを乗っ取ったまではよいが、授乳中の赤ん坊を持っている子連れの雌は発情しない。そこで新入りの雄は、「母親」を「雌」にするために子を排除したのだと私は解釈した。

子殺しの要因は

それにしても、赤ん坊を殺された母親が当の殺し屋と一週間から一か月のうちに交尾をするなんて信じられない思いだった。しかし考えてみれば、前の雄だって同じことをしていたはずだし、少しでも早く次の子をつくることが子孫を絶やさない方策なのだと理解するようになったのは、少し後のことである。

余談だが、静かにサルを観察しているときはあたりに注意しているのだが、死闘を繰り広げている雄を緊張して追っているときなどは、つい足元を見過ごしがちになる。こんなとき、ラッセル・バイパーを危うく踏みつけそうになったことがある。体長は僅か一メートル三、四〇センチなのに太さは一五センチメートルもあった。とぐろなど巻けるはずもなく敏捷でもないが、枯葉色をしていて獣道に丸太のように横たわっている。踏まれてから、そこだけ引き締まった筋肉のついている首を持ち上げてガブッと噛みつき、猛毒を注入する。咬まれたら一二時間以内に必ず死ぬという（写真3－7）。熱帯の森は恐ろしい。

3＊子殺し発見を世界に発信

国際学会での乏しい反応

最初に子殺しの発見を外部に公表したのは、発見した一九六二年の一一月だったか、中央インドの古都バラナシ（かつてのベナレス）・ヒンズー大学で開かれた第二回全インド動物学会議だった。遺体を焼いた灰を流す傍らで人々が水浴をし、歯磨きも洗顔もしている、あのガンジス河畔

図 3-4　ハヌマン・ラングールの子殺し地域の境界線（Hrdy 1979）
黒丸は調査地。太いゴシック（シムラ、ダルワール）は私の調査地。線の西側の調査地に子殺しが見られ、東側には見られない。このことからサラ・ブラッファ・ハーディさんは「子殺し遺伝子」が西から東に拡大する過程にあるのではないかと考えた。

の町である。すべて板張り座席のぎゅうぎゅう詰め三等汽車で、ダルワールから四〇時間ほどかけてやっと着いた歴史的な町だった。

発表の場では誰も議論の対象にしなかったが、一人だけ注目した人がいた。インド動物学研究所（Survey of India）の所長だったＭＬ・ルーンワルさんである。このことは後にもう一度取り上げる。

二回目の公表は、一九六四年のクリスマス直後にカナダのモントリオールで開かれた全米科学振興協会（American Association for the Advancement of Science、ＡＡＡＳと略してトリプル・エイ・エスという）年次大会の中の国際シンポジウムだった。今西さんに発表者の推薦依頼が来て、伊谷さん、都守淳夫さんとともに参加した。全額招待者負担に加えて、どうせ英語の分からない連中だろうとの、オーガナイザーであるスチュアート・アルトマンさんの配慮で通訳までつけてくれた。

すでにハヌマン・ラングールについてはカリフォルニア大学バークレイ校のフィリス・ジェイさんによるカコリとオーチャ（地理的位置は図3－4参照）での研究が発表されていて、群れの中の平和な暮らしぶりは多くの人が知っていた。そこへ突然飛び込んだ子殺し報告だった。心理学者である座長のＪＭ・ウォーレンさんは総括講演で、「杉山は優生学にそぐわない現象を見たが、その説明は直覚的に考えて明快とは言い難い」、と一言付け加えただけだった。しかしフロアに戻って隣に座ったスイス・チューリッヒ大学のハンス・クンマーさんから、「あの野外実験は的確でしたね」とのコメントをもらったのが、ほとんど無反応の発表に対する唯一の救いだった。

実はその前に要約版をどこかに発表しようかと考えて原稿を書いたところ、パーササラシーさんがイギリスの『ネイチュア』という国際速報誌に送ってくれた。しかし、「もっとたくさん事例を集めてきなさい」という簡単な手紙であっという間に却下されてしまっていた。モントリオールで発表したのはこのときの原稿を基にしたものであり、シンポジウムの全講演を集めた本が前述のアルトマンさんの編集でシカゴ大学出版会から一九六七年に出版された（Altmann 1967）。

国際学術誌・国内メディアでの発表

詳報は一九六四年から六六年にかけて、日本モンキーセンターから英文で発行されるようになった『プライメイツ』という霊長類学専門誌に五編に分けて発表した（Sugiyama 1964, 1965a, 1965b, 1965c, 1966）。この雑誌は一九五七年から日本語で不定期に発行され始めたが、アメリカのロックフェラー財団からの「全文英語で定期的に発行するなら数年の間財政援助をしよう」という申し出で、国際誌化することになったものである。

「われわれの国際学術誌」という意気込みで五編すべてをこの雑誌に載せたが、今なら半分は欧米で発行されている有名な雑誌に投稿して、一気に世界にアピールしようと考えたかもしれない。しかし当時は、国際誌に論文を載せることなど先生も先輩も考えない時代だった。『ネイチュア』に送った論文があっさり却下されたことも、私の気持ちの中でくすぶっていたかもしれない。国際的に知られた雑誌に投稿してアピールすることよりも、「われわれが先頭を走っている」という意識が強くて、世界がこっちを向いてくるのが当然という快感に酔っていた面もあったような気がする。

第一章の冒頭で述べたように、たしかに動物研究の世界に人間視点を持ち込んだのは生物学や人類学の世界における意識革命だった。だからこそ逆風も強かったし、無視されることも多かった。しかしわれわれは最先端を走っているのだという意識ばかりが強くて、欧米で何が変わりつ

写真3-8　ML・ルーンワルさん
1962年のバラナシにおける全インド動物学会議にて。当時、インド動物学研究所所長で、後にジョドプール大学の学長になった。

つあるかを知ろうとする気持ちが欠けていたように、今にして思う。このことについては後述しよう。

日本国内でも、子殺しという衝撃的な行動はずいぶんと新聞・雑誌で紹介されたが、そのほとんどは異常行動という扱いだった。そして学界はほとんど無視した。

ジョドプールでのインド人による子殺し調査

一九六二年の全インド動物学会議に出席していた前述のルーンワルさんは、その後北西インドのジョドプール大学の学長になった（写真3－8）。インド中がそうだが、とくにジョドプールでのヒンズー教徒の神への信仰心は篤く、神の守護役であるハヌマン・ラングールは神同様に扱われていた。農民たちは収穫した野菜や穀物を毎日お寺に運んできて

写真 3-9　SM・モノトさん
1972 年 9 月、イギリス・エディンバラにおける国際動物行動学会にて。

は、生きているハヌマン・ラングールに供える。ジョドプールは半砂漠と呼ばれるほどの乾燥地帯であり、自然植生はわずかにアカシア系の小木が疎生しているだけで、サルの食物はほんの僅かしかないはずだ。お寺での餌付けはハヌマン・ラングールの個体群の維持に絶大な威力を持っていた。したがって人にはよく慣れている。高崎山のニホンザルと同じだ。

これに注目したのがルーンワルさんだった。動物学科の講師をしていたSM・モノトさんに指示して、杉山と同じ方法でハヌマン・ラングールの調査を始めた（写真3－9、地理的位置は図3－4参照）。欧米の科学者と違って、動物の個体識別などできるはずがない、などという先入観念は持ち合わせていなかったらしい。

写真 3-10　ジョドプールのヒンズー教寺院で信仰篤い地元の人たちが供えた食物に集まるハヌマン・ラングール
半砂漠と呼ばれるジョドプールではお寺でもらう餌が摂食量の 70%を超える。

ハヌマン・ラングールの群れは毎日必ずお寺にやって来て、そこで一日の食事の大部分を摂取する。群れはダルワールに比べて大きく、七〇頭を超えることさえある。それなのに雄は一頭しかおらず、四〇頭もの雌を抱え込んでいる。したがってあぶれ雄の数も多い。お寺の餌場をがっちりと確保していれば、自動的に雌を確保することにもなる。農民が野菜を運んでくる時間にお寺で待っていれば観察は容易だし、群れ雄の三〇倍以上もいるあぶれ雄による襲撃は頻繁で、データはいくらでも集積できる。こうしてモノトさんは一九七一年に、群れ乗っ取りと子殺しを含む最初の論文を発表した（写真3－10、Mohnot 1971）。

たぶんルーンワルさんは、「どうしてこんな異常な行動を起こすのか」程度の認識だったのだろう。そしてジョドプールへ赴任したことが幸いしたのだろう。しかし、全インド動物学会議では一〇〇人を超える動物学者が私の講演を聞いていたし、インド中でハヌマン・ラングールの観察は容易なので、その気になれば何十人もの追認者が誕生しても不思議はなかったはずである。

地元のダルワールのカルナタク大学でも何度か講演し、共同研究を勧誘していた。しかし、設備もないのに当時流行の最先端だった生化学志望は多くても、双眼鏡一つで始められる行動学や生態学志望の若手は一人も現れなかった。野暮ったい研究と受け取られたのだろう。やはりルーンワルさんは、特別に鋭い感覚を持っていたのだと思う。

4＊一転した欧米の反応

ハーバード大学人類学教室からの同調者

もう一人、私の論文発表に注目した人がいた。アメリカの最高学府であるハーバード大学人類学教室のアーブン・ドボアさんの「霊長類の行動」コースに所属していたサラ・ブラッファ・ハーディさんである（写真3－11）。ドボアさんは人類学の泰斗、シャーウッド・ウォッシュバー

写真 3-11　サラ・ブラッファ・ハーディさん（写真撮影：S Bassouls さん）
1982 年にアメリカ・コーネル大学で開かれたシンポジウムには生後 1 週間の赤ちゃんを車に乗せてボストンから駆けつけ、ときどき授乳のために中座しながらも共同オーガナイザーを務め、討論には活発に参加した。その高い行動力に驚嘆した。

ン教授の弟子で、先にハヌマン・ラングールの平和な群れ生活だけの研究をしたジェイさんの同輩である。彼自身もウォッシュバーンさんの指導の下に東アフリカでヒヒの研究をした経験の持ち主で、欧米での霊長類学のパイオニアの一人である。二二頁で紹介した世界のパイオニアばかりを集めたスタンフォードのシンポジウムのまとめ役もこなした人である（DeVore, 1965）。

彼は私の子殺し論文を読んで、ゼミでは「過密のもたらした社会病理現象」と説明した。学部学生のハーディさんもこの奇妙な現象に惹き付けられた（Hrdy, 1999）。ハーディさんは大学を卒業すると母親が用意してくれた旅費を携えて、一九七一年、早速西インドに赴いてモノトさんに会い、彼の推薦で西インドのアブを調査地とし、ハヌマン・ラングールの調査を始めた（地理的位置は図3－4参照）。そして杉山の報告がまったく正しいことを確認した

(Hrdy, 1974)。

実はハーディさんもハーバードを出る前は、過密のもたらした社会的病理現象と考えていたそうだ。しかし彼女が他の人と違ったのは、病理現象として倉庫の奥に放り投げるのではなく、環境や社会のどんな要因が「病理現象」をもたらしたのかを自分で調べてみようとしたところだ。そしてアブでの調査を通じて、「これは異常現象などではない、杉山の報告とその説明がまったく正しい」と悟ったという(Hrdy 2009)。

子殺し行動の続出

アメリカの大学では博士候補生に複数の助言教員が指名される。ハーディさんに対しては、ゼミの指導にあたったドボアさん、ハーバード大学ピーボディ博物館のエドワード・ウィルソンさん、同大学人類学教室のロバート・トリバースさんがこの任にあたった。後二者の、「これは雄の繁殖戦略ではないか」という示唆を得て、ハーディさんは自らの子殺し要因論を展開して一九七五年に博士の学位を得た。後述の社会生物学が、まさに発芽した瞬間だった。

日本人やインド人の研究報告には疑いを持ち、せいぜい異常行動としか位置づけをせず、何が異常なのかの道筋を辿ろうともせずにたいした話題にもしなかった欧米の科学界は、ハーディさんの報告を見て一気に大論争を巻き起こした。『アメリカの科学者(American Scientist)』誌は一九七七年五・六月号を皮切りに特集を連発し、賛否両論が渦巻いた。この渦の中でハーディさんは自分の立てた論理をさらに練り上げていった。

おまけにセイロン島（現在のスリランカ）のポロンナルワでは、近縁のカオムラサキラングール（Presbytis senex senex）でもまったく同様の経過を辿った社会変動の研究報告が現れた（Rudran 1973）。ただしR・ルドゥランさんは社会変動にのみ関心を持っていて、子殺し行動そのものの記述は軽くしか扱っていない。本人も信じられなかったのかもしれない。

さらに東アフリカのセレンゲッティ大草原のライオンでも同じように、雄による群れ（ライオンの場合は特別に〝プライド〟と呼ばれている）乗っ取りの後で子殺しが大規模に起こることが分かって（Bertrum, 1975, 1976）、種内子殺し行動に対する関心は加速した。もっとも、ライオンの研究をしたB・バートラムさんは私の論文を引用していないところを見ると、どうやら読んでいなかったらしい。彼が不勉強だったと同時に、私の発表した論文の掲載誌がまだ霊長類以外の研究者の世界では知られていなかったためでもあったのだろう。なお、セレンゲッティにはライオンの餌になる数百万頭もの大型草食獣がいると言われている。そしてライオンの生息密度は極端に高い。

新しい潮流、社会生物学の芽生え

一九七〇年代半ばと言えば、欧米では社会生物学がまさにその芽を吹き始めたところだった。ハーバード大学はその最先端にいた。ウィルソンさんが大著『社会生物学』を出版したのが一九七五年だから、ちょうどこの時期である。人類学科のドボアさんもその渦中にいた。授業の中に「繁殖成功度」というような概念がすでに出てきていたそうだ。そしてトリバースさんは優れた理論家で、その後「進化生物学」の元祖と呼ばれるようになる。ウィルソンさんが社会生物学の元祖であることは言うまでもない。ハーディさんはそんな空気の中で大学教育を受けた聡明な女性だった。

動物の研究の中に人間視点を持ち込むことによって斬新な、いや、それ以上に新しいパラダイムを切り開いた日本の霊長類学の真っ只中で、私が子殺しを含むハヌマン・ラングールの社会構造を明らかにした。その一方、ハーディさんもまた社会生物学という別の世界の新しい潮流の真っ只中にいて、素直に琴線を振るわせたわけだ。

5＊国内ではほとんど無反応

異常行動という位置づけ

少し戻って国内での反応を振り返ってみる。心理学の世界では「過密による異常行動の発現」という位置づけだった。「異常」と言ったら、どこでボタンの掛け違いが起こったかのプロセスまたはメカニズムを明らかにするのが自然科学だが、一般にはただちには理解し難い現象を棚の隅に押し込んでしまうための方便として使われてしまうようだ。それに、なにが「過」なのかの定義もしないで過密と言うのは、何も言わなかったのと同じだ。「逃げた」と批判されても弁解の余地はないだろう。

人類学でも興味を持たれたものの、その位置づけを考えるまでには至らなかった。むしろ動物と人間は違うという堅固な壁を打ち建てることに汲々としていたようだ。そして、いずれの分野でもたいした話題にはならなかった。日本で最も影響力があった科学雑誌の『科学』(岩波書店)も『自然』(中央公論社)も、一度も話題として取り上げたことはなかった。

野外実験まで含めて、これだけ社会が維持されるメカニズムをダイナミックに明らかにしたのに、開設したばかりの一九六七年に京大霊長研で開かれた第一回のホミニゼーション研究会で「霊長類の社会構造」という用語を私が使ったところ、高名な東大の文化人類学者から「動物の世界に社会構造はない」などと批判されたりした(杉山、一九七〇)。「サルとは一線を画さなければならない」、そんな思いが強固にあったのだろう。この批判でハヌマン・ラングールの社会構造の話などは吹っ飛んでしまった。

研究グループ内での反応

しかし、霊長類研究グループの中とその周辺ではおおむね素直に受け入れてくれた。社会人類学者の藤岡喜愛さんや文化人類学者の和崎洋一さんなど、今西さんの視点と方向性をよく理解する人たちは私の研究をすんなりと受け取ってくれた。しかし、すんなりと行っただけで、大所高所からの問題点の指摘もコメントもなかった。

今西さん自身や伊谷さんも、モントリオールのシンポジウムに私を送り込んでくれたし、たしか一九六〇年代の末だったと記憶しているが、『国際人類学年報（Year Book of Anthropology）』から前年度のベスト・ペーパーの推薦を受けたときに、私のドンカラ群の社会変動の論文を推薦してくれたほどだった。もっとも、審査委員がボツにしてしまったところをみると、今西さんに推薦を依頼してきたものの、米欧の正統派人類学は日本国内と同じく、まだ新しい人間視点を霊長類の世界に導入することへの困惑状態にあったのだろう。ただの異常行動の発見という位置づけだったのかもしれない。

ところで、あぶれ雄による群れの乗っ取りと子殺しは、その後は二〇種に及ぶ霊長類で確認され、そのほとんどが単雄群である。なぜ単雄群地帯で起こりやすいかについてはすでに示した。大量のあぶれ雄は、群れを乗っ取ってそこにいる雌を獲得しない限り子孫を残せないからだ。

その継続維持される機構まで含めたダイナミクスを初めて明らかにしたのがなぜ私だったのか。同じような環境である限り、このような現象は何千年も何万年もの間、双眼鏡一つあれば、いや、それさえなくても注意して観察を続ければ誰でも見つけられるものだったはずだ。それなのに私以前の誰も発見しなかった。

理由は簡単だ。伊谷さんや川村さんから引き継いだ、特定集団の全個体識別とその集団の長期継続追跡という、人間視点から動物を見る方法のもたらした成果だったのである。最初に広域調査をしたことは今西グループの中ではかなり異端だったが、これは多くの傍証を得るのに役立った。広域と言ったってせいぜい二六キロメートルの道路沿いに過ぎない。そして研究結果全体の報告の中で、もはや私の調査方法が面と向かって批判されることはなかった。

「ピャッコ・テスト」に学んだ野外実験

当時、野生動物の各個体を標識をつけることもなしに識別して長期に継続追跡することなどできるはずがないと、米欧の研究者たちには考えられていたようだ。しかし、私にとっては先輩たちのつくってきた新しい研究方法は当たり前のことだった。これが米欧の、そして日本の伝統的な研究者との方法論上の根本的な違いだった。今西さんの周囲では当然のように認められても、一歩外に出ると激しい抵抗に晒されたのはこんなところに主な原因があったのだろう。正面きった抵抗に遭えばこちらだって思考をブラッシュアップするチャンスにもなるが、枝葉のところで引き摺り下ろされたり無視されたりした場合は、双方に何の利益ももたらさない。

そもそも自然の中で頻繁に起こることのない「非常態」の現象には、野外実験が反復検証としてきわめて有効な手段である。しかも、どんな場合でも有効な実験があるとは限らない。モントリオールのシンポジウムでクンマーさんに適切だと評価された野外実験では、実は川村さんが奈良公園のニホンジカで行った「ピャッコ・テスト」が私の念頭にあった（川村、一九五七）。

一九四〇年代の末から五〇年代の初めにかけて、伊谷さんや徳田さんが幸島と高崎山でまだ餌付けされていないニホンザルを山の中に追っていた頃、川村さんは奈良公園のシカの個体識別をして、彼らの集団行動の調査をしていた。危険を察知すると一頭のシカが「ピャッ」と叫ぶことに気づいたが、どのシカが叫んで他の個体がどう反応するかをきちんと記録するにはシカにとっての危険が近づくのを待っていなければならず、これではいつになるか分からない。そこで川村さんは、手製で田舎芝居に出てくる馬のようなシカ、すなわちウマシカ一号をつくってシカの前に突然跳び出させ、反応を観察したのである。

その結果、この奇妙な動物、「ピャッコ」に向かって激しく叫ぶのは常に集団を率いる雄であり、雌たちは一目散に反対方向に逃げ出すことを確認した。しかし慣れてくるとシカがあまり驚かなくなったので、川村さんはもう少し可動性のある縫いぐるみ的ウマシカ二号をつくった。この中に下級生の伊谷さんを押し込んでシカの群れの中に踊り出させた。実に適切な野外実験であり、私の知る限り大型動物に対する世界最初の野外実験だった。

ドンカラ群の子殺しが一段落して私の脳裏に甦ったのは、学部学生の頃読んだ川村さんの著書の中のピャッコ・テストだった。私がダルワールで行った第二群に対する野外実験のモデルはピャッコ・テストだったのである。

6＊子殺しはハヌマン・ラングール共有の特徴か

群内に優しく、群外へ厳しく対応する雄

さて、子どもたちに群れの雄が寛容なことも含めて群れ内の個体間関係が大変温和だということは、ジェイさんの報告どおりであることを前述した。社会変動があって確認できたのは、少し成長の進んだ雌を除けば子どもたちはみんな現在の雄の実子だということだ。どこまで理解しているかは不明だが、雄も、また母親もこのことを知っているのだろう。雄が自分の子どもに寛容なだけでなく、母親も小さい子どもが雄に近づくことに平気なのだ。

ニホンザルの母親は大きな雄が近づいてくると、いち早く子どもを手元に引き寄せて両者の接近を避ける。子ザルが雄に近寄ったりじゃれついたりするのを母親が容認するのは、とくに自分と親しい関係にある雄か、「幼稚園長」などと私たちが呼んでいる子どもに優しい特別な雄に限られる。

また、ハヌマン・ラングールの雌間に優劣を示すような争いや行動があまり見られないのは、主要資源である食物が葉っぱなので取り合いの対象にならないからだと考えられる。争う資源に競合がなければ優劣の関係が表に現れないのは第二章で示したとおりだ。群れの内部はまことに

平和で穏やかなのだ。前述のように、生まれたばかりの赤ん坊を若い雌たちが次々に抱き継いでいくのを母親が放置するのも同様だ。資源獲得の争いが少ないことは日常行動にも反映されているのだった。

これに対して群れ間では、かなり儀式的ではあるが、雄がいつもいがみ合っている。何しろ行動域全体が平均一七ヘクタールしかない。隣接群を寄せ付けない防衛範囲はわずか八・九ヘクタールだ。樹高一〇メートル強しかない明るい落葉広葉樹林地で、樹上からはたぶん縄張りのほとんど全部を見渡せる。なぜこんなに狭くてすむかと言えば、主食の葉っぱが狭い範囲に豊富にあることによる。乾季でも落葉の時期が樹種によってずれているし、休眠芽を含めれば食物は結構たくさんある。だから狭い範囲を小さな群れで過ごすのが、少ない運動量ですむので効率的だということになる。

こうして小さな行動域が森中にびっしりと敷き詰められることになる。ハヌマン・ラングールだけで一平方キロメートル当たり八五・三頭で、著しくとまでは言えないが、かなりの高密度生息なのである。狭くて見通しがよいので縄張りはしっかり、きっちりと守られる。あぶれ雄にとって、雌に接近して子を残すには群れ雄との対決以外に方法がない。群れの乗っ取りといち早く子をつくるために子殺しをするという二つの現象は、単雄群構造に次いで高い生息密度が関係しているというのが私の説明だった。

ヒマラヤでの調査

一九七〇年に助教授になって霊長研に移り、やっと自分の名前で科学研究費の申請ができるようになった。もちろん助手だって科研費の申請が認められなかったわけではないが、大部隊を原則とする海外調査で採択された例はほとんどなかったのである。おまけに若手研究者向けの競争的資金など皆無だった時代である。助手は上司の獲得した科研費研究隊の一員として、そのテーマの範囲内で参加する以外に海外調査をする道はなかった。もちろん、今日のように私費で海外に出られる時代でもなかった。

それでも霊長研だけで海外調査を二つも出すことは認められないと内々の指示があり、河合雅雄さんが彼のエチオピア調査計画を引っ込めてくれたおかげで、私はヒマラヤ中腹のシムラにハヌマン・ラングールを調べに行くことができた（地理的位置は図3−4参照）。すでにダルワール調査の終了から九年が経ち、一九七二年になっていた。それでもまだモノトさんの追認論文が出版されたばかりであり、あとから知ったことだがハーディさんの初渡印とほぼ同時だった。

ヒマラヤに向かった目的は、著しく異なった環境でもダルワールで見られた社会の基本構造が同じように維持されているか否かを確かめることだ。維持されているなら、これはハヌマン・ラングールという種の抱える共通の特徴である可能性が高まる。でも、ガラッと違っているなら環境が大いに影響している可能性が強い。

写真 3-12　ヒマラヤ山麓の調査地の景観
雪に覆われたヒマラヤ 3,000 メートルの急峻な斜面に、登山家でもない私は難儀した。同所的に生息するアカゲザルは冬になると村と畑のある 2,000 メートルまで下がったが、ハヌマン・ラングールは雪に埋もれた高所の森に踏みとどまった。

標高二二〇〇メートルのシムラは、かつて支配者だったイギリス人が避暑地として開発した町である。日本の中部山岳地帯と同じような急斜面の多い地形に、アラカシ（Quercus glauca）に近いカシ（Q. incana）を優先種とし、トチノキ（Aesculus indica）やサクラ（Prunus puddum）、ヤマボウシ（Cornus capitata）、クリ（Castanes sativa）、ハリエンジュ（Robinia pseudoacasia）、モミ（Abies pindrow）など、たいていは日本で見覚えのある樹種の近縁種で構成された常緑落葉混交林が広がっていた。見通しの悪さも日本の中部山岳地帯の森と同じぐらいだった（写真3－12）。

気候もよく似ていた。冬には雪も降る。そしてそこにいたハヌマン・ラングール

写真3-13　ヒマラヤのハヌマン・ラングール
寒冷地の哺乳類の共通特徴として体が大きく毛がふさふさしている。

の群れは平均四〇・三頭でダルワールのそれの三倍近くもあり、行動域は一九〇ヘクタールだから一〇倍以上の広さだった。冬の寒冷季の食物不足に耐えるにはこれだけの広さが必要なのだろう。食物の少ない寒冷地では体が大きく群れサイズが大きくなる一方で、行動域がそれ以上に拡大することについては、ニホンザルでも、他の大型中型の哺乳類でも同じ傾向が見られる（写真3－13）。

多数の複雄群を発見する

最も重視した群れの構成は一二群中九群が複雄群で、群れ内の雄は平均三頭だった。三つの単雄群がいるとはいうものの、これらの値はニホンザルにかなり

表 3-3　ヒマラヤの群れの構成と行動域面積

日本の中部山岳地帯によく似た森のヒマラヤ中腹部では、大部分が複雄群で群れサイズはダルワールの 2 倍以上、行動域は 10 倍以上だった。

海抜 m	群名	成雄	成雌	未成熟	0 歳	他 *	合計	行動域 ha	ha/ 頭
2200	TK	3	12	13	7		35	111	3.17
2200	BG	1	7	10	5		23	66	2.87
2200	PP	7	9	14	5		35		
2200	SH	4	15	21	8		48	125	2.60
2200	GL	11	37	35	15		98	156	1.59
2200	PL	1	6	11	0	5	23		
2000	SD	1	7	5	3	4	20		
2000	LT	2	11	15	6		34		
2000	UT	2	8	7	2		19		
2900	HT	7	35	33	8	8	91	491	5.40
2900	GJ	2	10	4	2	7	25		
2900	DR	3	14	5	6	5	33		
	平均	3.7	14.3	14.4	5.6	29	40.3	189.8	3.1

* 確実には把握できなかった概数。

近いものだったのである（表3－3）。そして、群れ雄に見つからずに離れ雄が雌たちに接近し、子孫を残すこと、そのうちに群れに入り込むこともニホンザルと同じように可能だと考えられた。三つの単雄群にはいずれも三ないし五歳の若雄が数頭おり、群れサイズも含めてダルワールの第一群やドンカラ群のような大型群並みだった。

調査期間が半年しかなかったので、これらの単雄群が雄パーティによって奪取されたのか、さらに子殺しがあったのかどうかまでの詳細な経過は見られなかったものの、ニホンザルと同じように雌との絆を強めた外来雄が徐々に群れに入り込むことも十分ありうる状況だった（Sugiyama 1976a）。

結果は後者だったのだ。すなわち、ハヌマン・ラングールは基本的に葉食者なので行動域は比較的小さく、ニホンザルに比べれば単雄群になりやすい傾向はあるものの、環境次第では複雄群への移行は容易に行われる。そして複雄群になれるなら、リスクのある群れ乗っ取りや急いで子殺しをする必要もない。ハヌマン・ラングールという種のすべてが群れの乗っ取りと子殺しを常習的にしてきたわけではない。

ハーディさんによる「子殺し遺伝子」説の提唱

さて、西インドのアブでハヌマン・ラングールの子殺しが社会病理現象などではないことを確認したハーディさんは、ハーバードに帰り、一九七四年に最初の論文を発表した。すでにハーバード大学ではウィルソンさんを中心に社会生物学の概念が成熟しており、遺伝子のレベルに還元して生物を考える視点が広がっていた。前述のとおりである。

一九七九年に発表した論文（Hrdy 1979）でハーディさんは次のような仮説を提出した。すなわち、それまでに調査された一七か所のうち子殺しの起こるのはインド亜大陸の西側に偏っており、東側には見られない。これは「子殺し遺伝子」が西から東に向かって広がりつつあることを示しているのではないか（図3－4）。生物はより多くの子孫を残すものが進化の中で生き残り、繁栄してきた。同種の他個体の子を殺してでも自分の子をより多く残す個体こそが、その持っている遺伝子を進化の中で広めてきた。そんな考えである。

ただし後半の説明は、文献の年代が示すとおり一九七〇年代の末になって具体化してきたものである。しかし、「子殺し遺伝子なんて夢想に過ぎない」というのが、そのときの私の素朴、かつ少々視野の狭い感想だった。目に見えもしない子殺し遺伝子などを想定するのはあまりに無謀だと思ったのである。子殺しはいろいろな要素の絡んだ複合的な行動である。そこに特定の遺伝子を想定するなんて無茶だ。どうやって証明するつもりなのか。

「子殺し遺伝子が西から東に広がりつつある過程」仮説はその後とくに進展はない。しかし、それぞれの雄個体が繁殖成功度を高めようとした結果だというハーディさんの基本的考え方は、社会生物学が理解されるに従って定着してきた。

私の説明は、交尾季になってせっかく群れを乗っ取っても、「母親」はいるが自分の子孫を残してくれる候補者の「雌」がいないので、「繁殖の準備のできた雌」をつくろうとしたのだという人間視点によるものだった。基本的な違いはないのだが、「繁殖成功度」という、より包括的な遺伝子視点を設定したところにハーディさんの新しさがあったと言わねばならない。

子殺しの生息密度関与説への批判

一方、一九八〇年代の後半になって社会生物学の示す概念が日本でも理解されるようになると、高い生息密度が関係しているという私の仮説は、個体数調節「のために」子殺しを起こしたかのように受け取られて、厳しく批判されるようになった（伊藤 一九八七）。また、各調査地におけるハヌマン・ラングールの生息密度と子殺しの有無を比べた図（Newton 1986）をそのまま引用して、密度とは直接的な関係がないとも批判された（長谷川 一九九二）。しかし、長谷川真理子さんの批判は間違っていた。いや、そこで引用されたP・ニュートンさんが少し軽率だったようだ。「攪乱されていない森」とわざわざ断っているが、各地の状況をいくらかでも調べる努力をしていればこの誤りは防げたはずだ。

たとえば最も生息密度が低いはずの環境に生息するジョドプールの群れは、前述のように七〇％以上の食物をお寺でもらう野菜やピーナツやチャパティ（インド式のパン）から得ている。消化エネルギーで計算したら、たぶん八五％前後のエネルギーをお寺でもらう投与餌に依存していたことだろう。だから行動域はどんなに広くても、そのほとんどの部分は僅かな価値しか持っていない。人工餌のあるお寺での利用密度が極端に高かったのだ。つまり単純な生息密度ではなく、実効のある密度、生態密度で計算しなくてはならなかったのだ。本当の生態密度を調べることは容易ではない。しかし、少なくともそれに近づけ、考慮に入れる努力は必要だ。

セイロン島（スリランカ）のポロンナルワもまた観光のため餌付けされたところだ（Ripley 1967、地理的位置は図3－4参照）。私自身が訪れてみたが、観光客の来る場所と茶店のゴミ捨て場が極端に価値の高い餌場になっている。おまけに森はかなりよく茂って樹冠はふさがっているが、観光地のために下草はほとんど刈られていて、少なくとも地上での見通しは抜群に良い。特定の場所での無意識の餌付けによる食物分布の条件はジョドプールに近く、見通しの良さはダルワールに近いと言える（杉山 二〇〇四）。

これらの要素を考慮すると、一平方キロメートル当たり五〇頭弱が子殺しの限界密度になっているようだ。もっとも、五〇頭に意味があるのかどうかは私にも分からない。それぞれの具体的な環境条件をよく見なければならないからだ。

私に対するこれらの批判のすべては、すでに社会生物学が日本でも定着した一九八〇年代後半以降に、その追随者たちによってなされたものである。

なお、前述のライオンにしても、高密度生息のセレンゲッティではたしかにジョドプールのハヌマン・ラングール並みに群れの乗っ取りと子殺しが起きているが、生息密度の低い南アフリカのクルガー国立公園ではそのどちらも起きていない（Mills & Shenk 1992; Funston 2003）。クルガーは疎開林でライオンの生息密度はセレンゲッティほど高くはない。そして餌となる大型獣の密度も高くない。

雄と雌の身体の大きさの違いや雄の身体装飾の見事さで示される動物の性的二型（差違）は、雌獲得をめぐる雄間の競争の激しさを示す指標とされている。余談ながら、クルガーの雄ライオンの身体の大きさもたてがみの立派さもセレンゲッティのライオンほどに顕著ではない。つまり、この点から見てもクルガーでは雌獲得のための雄間競争があまり激しくないことを物語っている（杉山二〇〇四）。

7＊子殺し発見の果たした役割

異なる視点

もう一度一九七〇年代末に戻ろう。ハーディさんは繁殖成功度を最大限にするように各個体は頑張っているはずだという前提に立って、遺伝子の視点で説明してきた。それに対して私は人間視点で説明してきたことになる。もう一つ。私は生物が環境に合わせていかにうまく生きようとしているかという生態視点も含めて見ようとしてきた。

しかしその頃の私は、遺伝子の視点は残念ながら持ち合わせていなかった。だから当時の私は、ハーディさんの説明をろくに理解できなかった。一九六〇年代の後半に私は次々と論文を発表していたのだから、せめて一九七〇年代のうちに私の説明に対する正面からの批判が出てきていれば、私もハーディさんに大きくは遅れをとることなく、考えをもっと幅広く生物界全体の問題として発展させることができただろうに、と思わないでもない。誰もが手探りの段階だったのだろう。

動物の研究に人間視点を持ち込んだことが世界の動物学にも、人類学にも、そして心理学にも衝撃的な反応を呼び起こし、大きな抵抗を受けたことはすでに繰り返し述べた。同じように、社会生物学の基本にある遺伝子視点は生物の研究に新しいパラダイムを持ち込んだのである。そして米欧では激しい論争を巻き起こした一方、少なくとも日本ではむしろ無視に近かった。まったく論争にはならなかったのだ。

ハミルトン・ルール――包括適応度あるいは血縁選択という考え方

社会生物学の基礎になる考え方は、WD・ハミルトンさんが一九六四年に発表した包括適応度にある。私がハヌマン・ラングールの研究結果を初めて英文論文として発表したのと同じ年である。ハチやアリなど膜翅目の真社会性昆虫には、働きアリや働きバチ（ワーカー）という、自分自身では子どもをつくらないで一生弟妹の世話や巣作りに専念する個体がいる。繁殖する個体とは形態まで違う。自分では子どもをつくらない連中（カスト）がなぜ遺伝子を残し、進化の中で残ってきたのか、ダーウィン以来の難問だったようだ。

ワーカーは不受精卵から生まれるので一倍体である。だから世話をする子どもとの血縁度は母親とその子との血縁度より高い。そこで、自分の子を産んで育てるよりも弟妹を育てたほうが自分の遺伝子を多く残せるということなのだそうだ。この理論を正確かつ易しく説明する任は私には重すぎるし、ここでの主題ではない。関心がおありの読者は社会生物学の解説書が十数冊はあるので、そちらを読んでいただきたい（たとえば、伊藤 一九八七）。

初めは社会性昆虫の、子どもをつくらないカストの進化を説明する理論として生まれたものだったが、ここで出てきた包括適応度または血縁選択説という概念がハミルトン・ルールとして徐々に膨らみ始めていた。こうして、私が最初に発見した種内子殺しの現象は、すでに社会生物学の萌芽の渦中にいたハーディさんによって包括適応度の概念を用いて説明されることになった。そして、この概念が社会性昆虫だけでなく昆虫から哺乳類まで、いや、もっと全生物に適用できるという気運が一気に広まった。もちろん、この気運を広めた最大の功績はウィルソンさんの『社会生物学』だ。そしてこの一大転換のターニング・ポイントをつくったのが霊長類における種内子殺しの発見だった。

「生物学を変えた」考え方

二〇〇八年四月二八日の朝日新聞全国版が、私の半世紀近く前の発見を大きな記事にして取り上げてくれた。記者の書いた文章は事前に見せてもらって誤りは正したのだが、見出しはたぶんデスクが発行直前に書いたのだろう、新聞を見るまで私は知らなかった。そこにはこう書いてあった。「霊長類研究を変えた」(写真3－14)。しかし、変わったのは霊長類研究だけではなかった。世界中で、個体以上のレベルを扱う生物学全体が変わった。すなわち、個体が自分の持っている遺伝子をどれだけたくさん次世代に残すかという包括適応度を尺度に、そして自らの血縁を増やしてゆこうとする生物として、その進化を見ていこうとする視点が主流になったのである。

こうして一九八〇年代の中頃になると、日本の研究者間でも社会生物学の理解が深まり、たく

「サルの子殺し」世界発信

「なかまを殺す哺乳類は人間だけだ」と考えられていた1962年、おとなの雄ザルによる子殺しを、京都大の大学院生だった杉山幸丸・京都大名誉教授(72)がインドの森で見つけた。日本の「サル学」が海外から発信した世界初の報告だった。やがて、子殺しは動物の行動の大きな研究テーマに育っていく。

京大院生の発見 霊長類研究を変えた

遺伝子説に賛否

写真 3-14　2008 年 4 月 28 日の朝日新聞の記事
「霊長類研究を変えた」という見出しがつけられたが、変わったのは生物学全体だった。

さんの解説書が書店の棚に並ぶようになった。私のよく出席していた日本生態学会などでは、社会生物学的解釈、すなわち遺伝子レベルに基礎を置く「究極要因」の探求をしなければ研究ではないとの雰囲気さえ醸し出されるようになった。そこでは環境要因の分析のような泥臭く、煩雑で、しかも数値に表しにくい「近接要因」の探求は捨象される傾向にあった。やっと社会生物学を理解するようになった私ではあったが、どうもおかしいという気持ちを捨て切れなかった。どれだけ自分の子孫を残すかという繁殖成功度を直接の研究対象にしながらも、私は現実の生息環境への適応をいつも重視し続けた。

雄の繁殖年齢が六歳から二〇歳の一五

年間と仮定し、群れを乗っ取った雄の群れ滞在期間を三年間とすると、十分に乗っ取りのできるまで生き延びた雄ならば群れ数の五倍の数の雄が、一生の間に一度は群れに滞在して子どもを残すことができるはずだ。つまり成熟するまで生き延びることこそ雄にとっては重要で、運と不運はあるものの子殺し遺伝子を持っているか否かはあまり関係なく、多くの雄が子孫を残すことができる。雄間の子孫残し競争は究極要因論者が予想するほど激烈なものではない（Sugiyama 1984）。これが私の主張だった。しかし当時の日本生態学会ではほとんど話題にもされなかった。

なお、最近、シムラのように単雄群と複雄群の並存するネパールのラムナガルで子どものDNAまで調べた新しい研究では、赤ん坊の死亡率は五〇％に達するが、若者になるまで生き延びた雄が単雄群を持てるか、さもなくば複雄群の優位雄になれる可能性は九〇％に近いことが明らかにされた（Launhardt et al. 2001）。やはり、雌獲得をめぐる雄間競争は意外に微弱なのだ。

性的二型の小さなハヌマン・ラングール

ところで、ダルワール近辺のハヌマン・ラングールの雌は体長（頭胴長）で雄の九六・五％、体重で八二・三％、ヒマラヤの高地では同じく九四・三％と七一・四％である（ただし、最後の数値は雄雌各一個体のサンプルによる。Pocock 1928）。ダルワールでは、外見上も両性で僅かしか変わらない。むしろヒマラヤのほうの差が大きい。ほとんど常に複雄複雌群をつくるニホンザルの性的二型は前記と同じ比較で九一・七％と七四・六％なので（Fooden & Aimi 2005）、僅かながらニホンザルより差が小さいと言える。性的二型から見る限り、ハヌマン・ラングールのほうがニホンザルよりも、また、ダルワールのほうがヒマラヤよりも「雄による雌の独占傾向は遺伝的に成立している」とは言えない。性的二型が大きいこと、つまり雄が雌よりずっと大きく強力な武器をもっていることは、それだけ雄間の雌獲得をめぐる競争が激しいことを示しているからだ。しかしそんな計算も、究極要因論で沸き立っている生態学界ではこれまたほとんど無視された。

ちなみに性的二型が大きいと言われるヤマゴリラでは八五・七％と五六・二％、前述のライオンでは八六・四％と七七・九％であり、ハヌマン・ラングールやニホンザルとの違いは明らかである。つまり、ハヌマン・ラングールは種が本来的に単雄群タイプであるというわけでないことは明白なのだ。

8＊なぜ私であり、なぜ私でなかったのか

〝幸運〟な発見

生物学の流れを変える変局点になるような種内子殺しの発見者がなぜ私だったのか。自然科学の一翼を担う者として新しい発見を目指していたのはたしかだが、一〇年もの間無視され続ける

ような常識はずれの発見など私には考えも及ばなかった。

前述したように、私は先輩たちが編み出した個体識別による長期継続観察を当然のこととして遂行した。もっと言えばその先輩たちだって、幸島では接近してもっとよくサルを観察したかったから餌を撒いてみたのだし（伊谷・徳田 一九五八）、高崎山では大分市長の発案による餌付けの成功を利用したところから個体識別ができるようになったのである。もちろん、先輩たちはその前から都井岬の半野生馬を個体識別していたのだから（今西 一九五五）、野生のサルをも個体識別しようと考えていただろう。それでも、幸島ばかりでなく大群である高崎山が餌付けに成功したのは幸運だったのだ。私の幸運もこうしたことの延長線上にある。

先輩たちとの違いは、あとで傍証として役立った、生態学としては基本的な広域調査から始めたことである。もう一つは、駄目押しの野外実験を実行したことである。これは私の独創と言ってもよいだろう。しかしこれらの傍証や実験結果でしっかりと固めたにもかかわらず、科学界が私の発見の重要性を素直に認めてくれるには至らなかった。米欧で論争の的になるまでに一〇年以上、決して特殊な行動ではないことが認められるのに、さらに五年以上が必要だった。

新しいアイディアが生まれる学問的環境

「非常態」である社会変動のチャンスをあらかじめ狙っていたのは、高崎山で群れ分裂を最初に発見したという経験によるものだ。その意味では、私が最初に種内子殺しを発見して当然だったと言えるだろう。

その第一発見者である私がどうして遺伝子視点にまで考えを至らせられなかったのだろうか。これが問題である。

第一に私の基本的な能力の貧弱さ。これは当然だろうが、こう言ったのでは分析の意味がなくなる。そこで能力の差はひとまず棚に放り上げておいて、その他の要因を探してみよう。

現在の自然科学は一人で考えているだけでは限界に達している。世界中の優秀な研究者が死にもの狂いで最前線のテーマに挑戦しているからだ。その中で一歩前に進むには、新しい考え方、方法論を導入することである。新しいと言っても、誰も考え及ばないようなアイディアがやたらに生まれてくるわけもない。そこでよその分野では当たり前の考え方だがわが分野ではあまり知られていないというような、異質な考え方や方法を借用してくることだ。そのためには、いろいろな考え方や方法の持ち主が常時それぞれの意見を出し合って、切磋琢磨するのがよい。そんなことは誰だって知っている。しかし日常的な研究室のゼミなどを見ていると、大学院生が教授の前で必ずしも煮詰まっていない、証拠もない意見を自由に言える雰囲気のないのが普通だろう。

私たちは今西さんを中心に霊長類研究グループという集まりをつくってときどき会合を開いていたが、カリスマティックな今西さんのご意見に異見を述べる者はおらず、自由な意見を言い合える場は必ずしも豊富とは言えなかった。先輩たちの話によると、かつては自由闊達な意見を言い合えたということだが、その頃はみんなが若かったからか、私が参加した頃はすでに世界で認められる存在として確立していたから変わってきていたのだろうか。

おまけに世界の最先端を走っているという自負で、米欧の最新動向を吸収しようとする者は誰一人としていなかった。せっかく世界の空気を吸う機会を得てアメリカのスタンフォードに赴いた水原さんが、何一つ吸収することなく課せられた役割を放り出して帰国したことは先述した。

思考の世界が狭かったとしか言いようがない。加えて、前述のように人間視点以外は生態視点さえ排除する圧倒的な雰囲気の中で、遺伝子視点など、たとえその種子があったとしても芽を出すことはとてもとても難しかっただろう。

一方のハーディさんは、社会生物学の勃興期にその最先端の議論の真っ只中にいた。生物の行動や生き方をいきなり「遺伝子の行動」として考えるという発想は、ハーバードでは至極当たり前だったのだろう。彼女はたしかに秀才だが、初めから周囲の環境と隔絶した独創的なアイディアを発揮したわけでは決してない。むしろ現場を見る前は、社会的病理現象という、当時の常識の中にいた。ただ、なぜそんな異常な行動を起こすかのメカニズムを明らかにしようとしたところに他の研究者との一歩の差があった。そして適切な助言者を得た。個人の能力差よりも学問的環境のあまりの違いに愕然とせざるを得ないというのが、今の私の心境である。

9＊広まりのメカニズム

人間視点のグローバル化

人為的標識なしに野生動物の個体識別などできるはずがないと考えていた米欧の研究者たちの間でも、今では生物の集団を扱う分野ではこの方法が必須になっている。野生チンパンジーの研究に先鞭をつけたジェーン・グドールさんが米欧の研究者では最初だったと思う。グドールさんの場合は、たまたま餌付けされて接近観察に成功したおかげで有力個体から順次識別するようになったのだ。その次はゴリラの研究をしたダイアン・フォッシーさんだった。彼女は餌付けをせずに識別をした。大きくて人くさい類人猿だったことも幸いしただろう。

そして長期継続観察もまた現在では必須の方法になっている。餌付けは動物の生活全般を変化させる可能性が高いので、最近では餌付けなしに徐々に観察者に慣れさせる、フォッシーさんの採用した「人付け（ハビチュエイション）」が主流になっている。

社会生物学では研究対象動物の年齢・性別や強弱などだけでなく、個体間の血縁関係が重要な行動決定要因だと考えられるようになったために、昆虫や鳥などでは標識をつけるなどしてでも何らかの方法で個体識別し、さらに生涯に及ぶ繁殖成功度を明らかにするためには長期継続記録も重要だ。こうして先輩たちが始めた人間視点に基づく基本的方法は、新しい生物学の遺伝子視点と結びついて世界の潮流になった。

さらに加えて、水原さんが『日本ザル』（一九五七年）で採用したような「英雄列伝物語」的記録も、科学的検証や比較の対象としてはさまざまな難点があるが、その動物種を理解する貴重な表現方法だと、少しずつだが認知されるようになってきた（deWaal, 1982）。先輩たちの開発した人間視点に基づく方法論は、新しい生物学にも脈々と流れている。

しかし、遺伝子視点が急速に世界中に広まったのに対して、人間視点の広まりはあまりにも遅すぎたように思う。社会生物学的思考様式については、従来の生物学の思考様式を大きくは踏み外さないままウィルソンさんの大著『社会生物学』がその流布に大きな役割を果たしたのに対して、人間的思考様式は積極的に世界に向かって発信しようとはしてこなかった。私たち日本人にとってヨーロッパの言葉でしつこく発信するのは容易ではない。しかし、この発信努力、普及努力の差が両者の違いをもたらしたのではないだろうか。

かてて加えて、「今日の科学の取り扱いうる現象というのはいわば氷山の一角で」あり、「私の学問は科学を超越した自然学である」（今西、一九七五）、などとリーダーが公然と発表する始末である。さらに今西さんは、「恵まれた研究の場を与えられている（自分の後継者であるはずの若手）研究者たちが」「型にはまった論文なら書けるけれども『（日本）動物記』のようなものは書けなくなる」（今西、一九七二）、などと嘆いて見せた。リーダーがこれでは世界の科学界への発信などおぼつかない。大事なのは独創的な発想で学問をリードする一方で、和文・欧文取り混ぜて論文をどしどし書き、世界に向かって発信することではなかろうか。

すべてを一人ですることは難しい。だからこそ集まってくる人材に多様性が必要なのである。果敢に研究を推進してオリジナル論文を発表する者、諸外国の動向の情報を貪欲に収集する者、それを社会に向かって精力的に普及活動する者、そして学問の思想的バック・グラウンドを世界に向かって発信する者、等々。そのためには許容度の高い、幅広いリーダーが必要だ。

もっと先鋭さと多様さを

カリスマ性の高いリーダーの周りには大勢の信奉者が集まり、先鋭的に発展する反面、意見の異なる人材をはじき出す一般的な傾向がある。だからこそ学問進展の第二段階では異なるタイプのリーダーに替わらなければならない。秀才でなくとも、幅広い人材を受け入れられる許容度が必要なのだ。同一人物でも状況に応じて手法を変えられるならもっとよいだろうが、それは難しい。私が大学院に入った頃、京大の生態学研究室はまさにそんな状況だった。大学院生を中心としたサル・アユ・藻場（岩礁地帯の藻が密生している沿岸域）という三つの研究グループが互いに切磋琢磨していたのである。

もう一つ付け加えるならば、前述のようにハミルトンさんの論文が一九六四年、ウィルソンさんの『社会生物学』が一九七五年に出版されていながら、一九八〇年代に入るまで日本でこの潮流に注目した生物学者はほとんどいなかったことだ。やっと一九八三年になって、文部省の科学研究費特定研究として「生物の適応戦略と社会構造」が認められ、ふだんはお金のない生態学の分野で活発な議論を展開する機会が与えられたことが、日本での大きな転換点だった。それ以後は行き過ぎではないかと思われるほどに追随者が続出した。

私の一九七〇年代の考えを綴って一九八〇年の一月に出版した『子殺しの行動学』が批判的に取り上げられたのは、やっと一九八七年以降である。集団を扱う生物学全体で、発信だけでなく受信装置も日本はきわめて貧弱だったと言わざるを得ないだろう。科学の最先端の状況をいち早く消化吸収してやさしく紹介する、いわゆるサイエンスライターが、オリジナルな研究を進める科学者よりも一段階低く評価されていたせいなのかもしれない。

遺伝子仮説の証明はできるか

ところで、遺伝子視点による子殺しをどう証明していったらよいだろうか。仮説を提出した人自身は自ら証明しようとはまったく考えていないようだが、長い間暖めていたアイディアが私にはある（杉山、一九九二）。それは遺伝子と行動を結ぶ生理レベルを調べることである。具体的な例を挙げると、攻撃性に関与すると言われる体内のコレステロール量の地方差を測ることだ。コレステロール量が平常値より低いと攻撃性が高まるという。もっと直接的には脳内物質のセロトニンが攻撃性に関係するらしい（正高、一九九九）。

ダルワールなど西インドの「子殺し地域」のハヌマン・ラングールでコレステロール値が低く、東インドの「非子殺し地域」で高いかもしれない。コレステロール量は食物内容に関係するからただちに遺伝に結びつくわけではないが、いくらかの遺伝的基礎を探る糸口にはなるだろう。

ずいぶん以前から生理学者には声をかけてきたのだが、積極的な反応をもらったことがない。フィールドワークに自ら参加しようとする生理学者が少ないことによる。

同じ生物現象の生態視点と遺伝子視点は最終的には通じ合い、融合するはずなのだ。もちろんそのことは人間視点にも言えることだろう。

いずれにしても、遺伝子仮説を提出した以上は、またそれを支持する以上は、何とかしてこれを証明する努力をすべきだろう。机上の論議はアームチェアーに座っていてもできるが、それを証明するのは容易でない。汗水流してフィールドで観察データを収集しなければならない。その前に対象動物の生息地に観察と野外実験のためのフィールドを開拓しなければならない。そして言うまでもないことだが、生息地の近辺に住む人たちと良好な関係を確立することだ。野外研究とはそんな準備の上に初めて進行するものなのである。これについては第五章でも取り上げようと思う。

ただ、ハーディさんの「子殺し遺伝子境界説」を現在本気で考えている人はあまりいないだろう。この、子殺しという複合的な要因を内包した行動をいきなり遺伝子にまで結びつけるような、私から見れば奇想天外だった仮説の重要性は、その後の「究極要因」探求の発端になり、社会生物学を全生物に適用する流れをつくり出した点だと思う。その点を考えると、種内子殺しの発見と遺伝子仮説が合わさって、初めて生物学の流れが大きく転換したと見るのが正しいのだろう。

ダルワールの森の変化

余談だが、その後も四、五回ダルワールを訪れて短期間の調査をした。その度に、同所的に生息していたボンネットザルはまだ多数生息しているのにハヌマン・ラングールの群れの生息数は減り（Sugiyama & Parthasarathy 1979）、一九七六年には半分近くにまで減っていた（表3－1）。

ついに一九九七年の訪問ではダルワールからハリヤールまでの森に、森の状態に大きな変化は見られないにもかかわらず、一九六三年まではあれほどたくさんいたハヌマン・ラングールを一群も発見することができなかった。ハリヤールからさらに西のダンデリの町に向かって五ないし一〇キロメートル進んだ森で、やっとハヌマン・ラングールを見ることができた。短期間の調査だったので子殺しこそ見られなかったが、たいていは単雄群であり、群れ間の関係や雄パーティの接近の様子などは以前のダルワールで見た状況そのままだった（NHK 一九九八）。

工業化の進展と経済発展の著しいインドでは、都市化、ひいては村落と耕地の広がりもさることながら、人々の心の変化もハヌマン・ラングールをはじめとする動物や自然環境に対する態度の変化をもたらしているように思えてならなかった。

10*その後の進展

雌の戦略と雄の子殺し本性

今、種内子殺し問題は社会構造論の中核にある。すなわち、何頭もの雄と交尾をしてそれぞれの雄に「自分の子の可能性」を持たせることが、よその雄による子殺しを防ぐ雌の戦略だというのである。さらに交尾季でもないのに雄を抱え込んで仲のよい関係を維持しておくのは、よそ者雄による子殺しを防ぐためだという（vanSchaik & Dunbar 1990; vanSchaik & Kappeler 1997; Palombit 1999)。雄は基本的に他人の子を殺してでも自分の繁殖成功度を上げようとしているとの考え方だ。それに対する雌側のしたたかな戦略が右に記したような社会構造をつくる。つまり、動物社会の根幹に「雄の子殺し本性」が関わっていると考えるのである。恐ろしいような話だが、感覚的に拒絶するのではなく、それも可能性の一つとして頭の中に止めておきたいと思う。

雄はできるだけ雌を独占したい。だから狭い範囲で食生活が充足され、雌の行動域が狭ければ雄は単独で雌集団を独占できる。しかし、そうなると繁殖に関われない雄が続出し、こうした雄たちはなんとかして雌集団を獲得し、いち早く子孫をつくるために、たとえそこにいる子どもを殺してでも目的を達成しようとする。当然、雄の繁殖戦略は環境もしくは状況によって異なってくる。自分が怪我をするかもしれないリスクを犯さないでも繁殖に関われるなら、わざわざ子殺しをする必要もない。子殺しがどの動物でもいつでも起こっているわけでないのは、多くの雄が繁殖に関われる環境にあるからだ。

子殺し現象の〝包括的〟な解釈

蛇足だが、ハーディさんの主眼はあくまでも「雄の繁殖戦略」であって、遺伝子そのものを正面に据えているわけではないようだ。もっと広い視野を持っているのだろう。もちろん私も、最初に人間視点から「雌を獲得したい雄の行動」という具体的な説明をしたが、私の説明は現場に直結しすぎていたように思う。より包括的な「雄の繁殖戦略」という考え方に賛成である（Sugiyama 1987）。それが環境によって異なる発現を示すことを強調したいのだ。

蛇足にさらに尾ひれをつけることになるかもしれないが、基本的な能力の差や、理論構築への関心が強いか現場で走り回るのが好きか、等々のもって生まれた違いがあるにしても、ハーディさんと私に異なった道を歩ませたのは、能力の差以上に初期の研究環境そのものだったと、今、強烈に感じている。そしてハーディさんは、ウィルソンさんとトリバースさんというアドバイザーを得たことが自分の方向性に大きな影響を及ぼしたと今でも強く思っているとのことだ。うらやましいような研究環境だったと、つくづく思う。

第４章

動物としてのチンパンジー

――東アフリカから西アフリカへ――

1*ブドンゴの森の離合集散

寄付集めに奔走

それまで文部省の科学研究費の申請段階では私の名前が挙がっていながら、いざ実行段階になると病気になったことにされ、派遣者リストから外されて大学院生に書き替えられるというパターンが何年か続いていた。当時の科学研究費は大学院生を派遣できなかったから、緊急事態ということにされたのだった。もう今回が最後だからということで、一九六六年度にやっとアフリカに行かせてもらえることになった。

国内での準備段階で文献に基づいてあちこち物色したあげく、一九六二年にイギリスのバーノン・レイノルズさんがチンパンジーの調査をしたことのある東アフリカ・ウガンダのブドンゴの森に目を止めた（Reynolds 1965）。レイノルズさんが基礎的な生態調査をしてからもう四年が経過していた。チンパンジーは観察できる程度には人を恐れていないようだ。私は早速、ロンドン大学に在籍していたレイノルズさんに手紙を出して調査希望の意思を伝えた。今なら電子メイルで連絡し合うところだが、当時は航空便が最速だったのである。快諾してくれたうえ、いくらかの情報を提供してくれた（写真４－１）。

写真 4-1　バーノン・レイノルズさんと私
1971 年 9 月、イギリス・オックスフォードのレイノルズ邸前で。

当時の文部省科学研究費の海外調査の部は、たとえば五〇〇万円の経費申請が認められると半分の二五〇万円を自力で調達してくれれば残りの二五〇万円を国が補助するという制度だった。京都の会社は割合好意的だったが、なんといっても大企業がない。大阪や東京の会社にまで頭を下げて回ることになった。頭を下げる先は総務部という、地元のお祭りや総会屋への寄付を担当する部署だった。

しかし、「うちは東京大学に援助しているが京都の大学まで面倒を見る余裕がない」と断られたり、「うちの会社とサルの研究とは何の関係もない」といやみを言われたりして、たっぷり汗をかいた割には収穫が少なかった。山岳部や探検部の学生などはＯＢの紹介状を携えてけっこう楽しんで会社巡りをしていたようだが、私には二度としたくないことだった。大企業が利益に直接には結びつかない学術研究に資金を援助する財団をつくるようになったのは、一九八〇年代に入ってからだ。

いやみを言われたのは国内だけではなかった。ケニアのナイロビに着いて大使館主催のパーティに招待されたとき、シャツ製造の技術指導に来ていた人から「君は日本のためにどんな役に立っているのか」と詰問された。あわてた私は、「国威発揚になっています」と答えた。インドにいた頃、明日の生活を楽にするわけでもない基礎学問は欧米人のすることだと信じているイギリス人に会ったことを思い出していた。

森はずれの廃屋暮らし

初めてのアフリカだったが、ウガンダのカンパラにある国立マケレレ大学にいたイギリス人の霊長類学者サーマ・ラウエルさん、ニール・チャルマースさん、FPG・オルドリッチ＝ブレイクさんらの世話で、森のはずれのブシンギロの丘の上にある大学の建物を使わせてもらうことができた（図4－1参照）。ドアも窓も誰かに持ち去られてしまってがらんどうの廃屋だったが、大学の許可をもらい、キャンピング・ベッドを持ち込んで、自炊しながらではあったがとにかく雨露を避けて生活を始めることができた（杉山 一九八一）。

四五キロメートル先のマシンディの町に行って自転車を買い求め、これで森の中でも週に一回

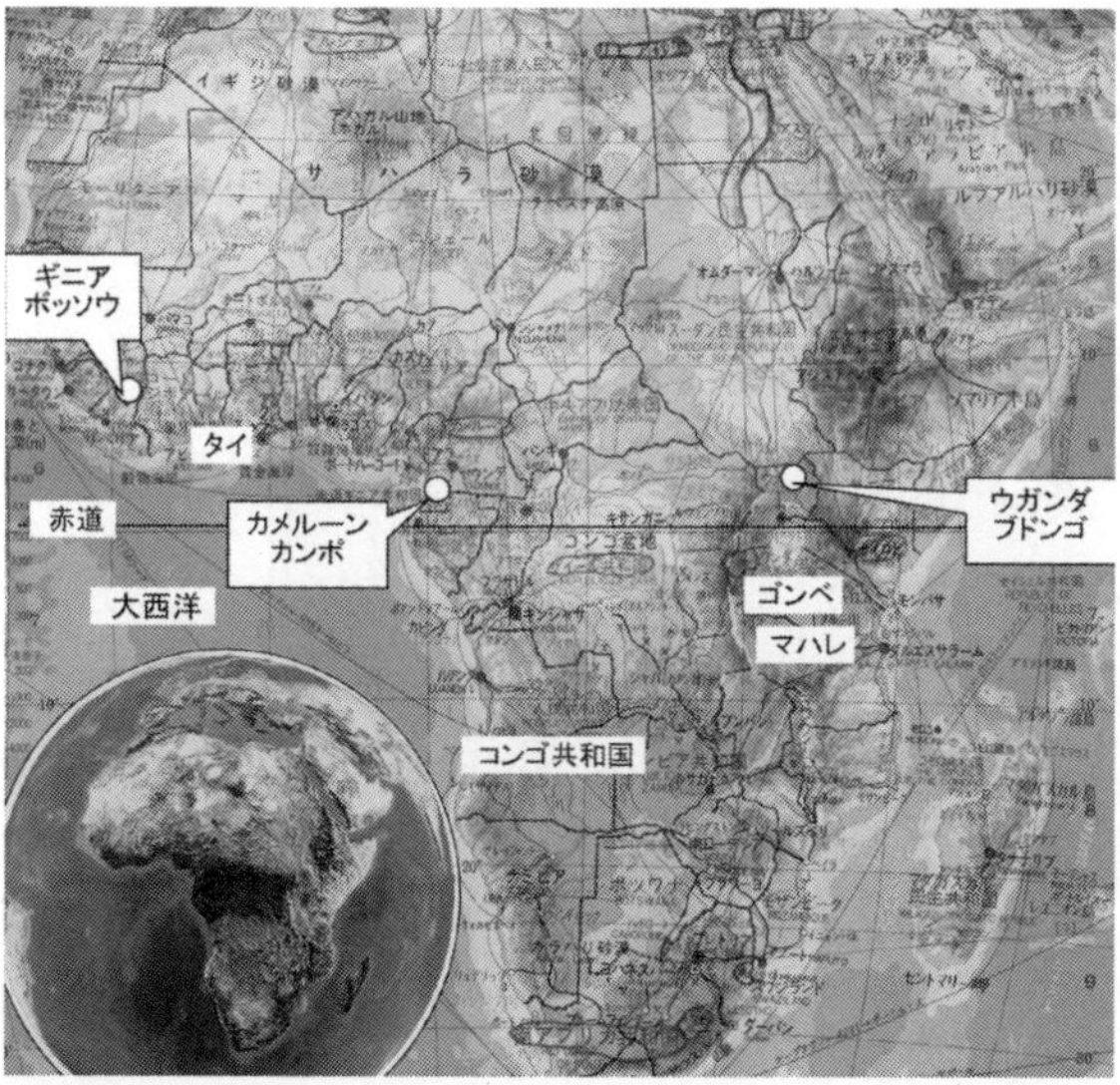

図 4-1　サハラ以南のアフリカ

枠つきは私の調査地と国名。その他は本書に登場する主なチンパンジー調査地または国名。いずれも都市から遠くはなれた僻地である。

のマシンディまでの買い物でも、どこでも往来することにした。カンパラの町でずいぶん探したのだが、たとえ中古でも自動車はもちろんバイクにも到底手が届かなかったのである。ブドンゴの森は多少の起伏はあるものの、割合平坦だったので助かった。おまけに森林管理のための大きな林道が縦横に二本開かれていたのは幸いだった（写真4-2）。

　余談だが、ある夜カチャッという食器の触れ合う音に目が覚めると、部屋の中にヒョウがいて私の食べ残しにむしゃぶりついているのに気がついた。体が凍りついた。恐ろしかった。ほんの少し私の体が動いた微かな布ずれの音に気がついて、ヒョウは物音も立て

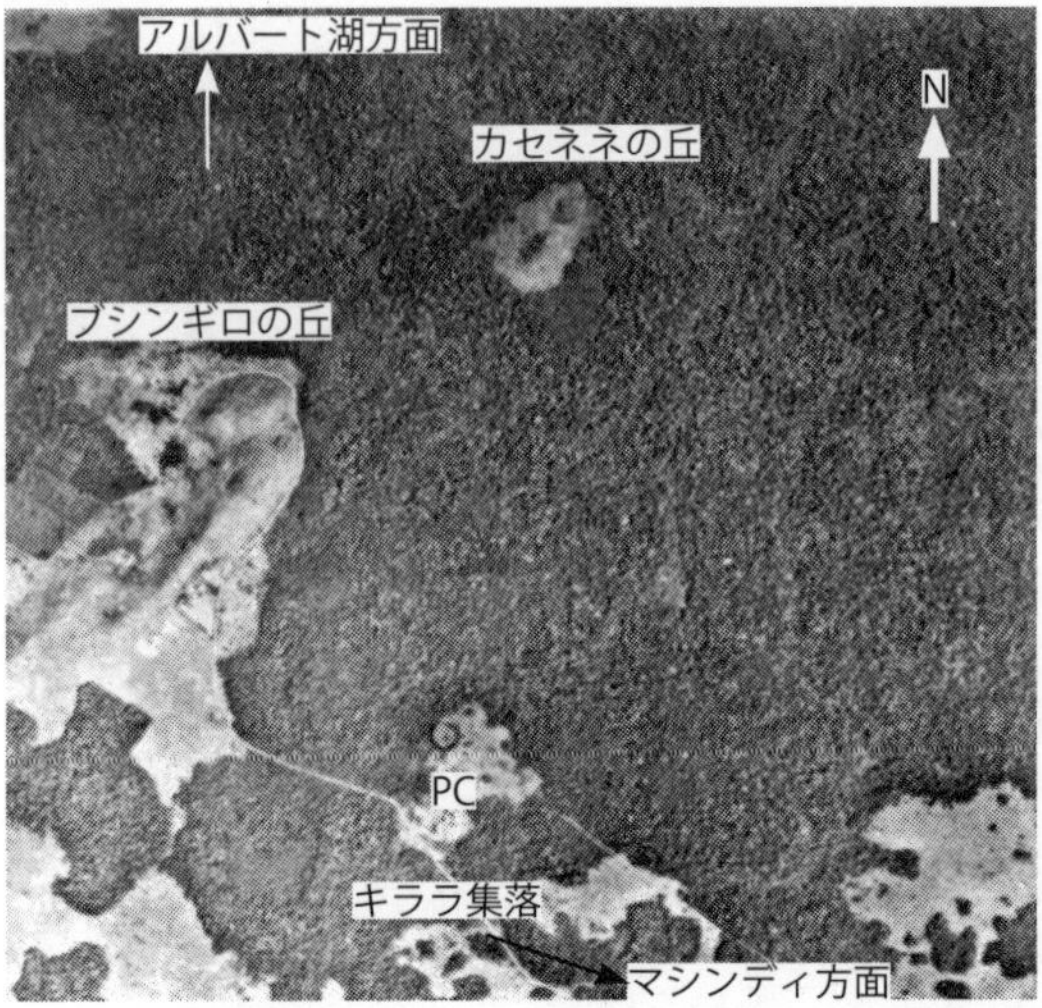

写真4-2　ブドンゴの森の空中写真
PCはピクニックサイトと称して森林局が森を伐採した広場。ブシンギロの丘の上に私の住んだ大学の建物がある。森は北東に延々と広がっている。

ずに窓から跳んで出た。翌朝早速、森の中の製材所に頼んで頑丈な木の窓とドアをつけてもらった。

グドールさんの来訪

調査を始めて少し経った頃、すでにタンザニアのゴンベ・ストリームにおけるチンパンジーの研究で有名になっていたジェーン・グドールさんがブドンゴの森を見にやってきた。ランドローバーと寝台・調理台付のフォルクスワーゲン・マイクロバスを連ね、夫のラウィックさん、アシスタントと運転手、料理人兼雑用係をつれた総勢五人の大部隊だった（写真4－3）。自転車操業の当方とのあまりの違いに愕然としたものだ。アイディアで道を切り開く以外に方法はないと覚悟した。

当時はまだ野生チンパンジーの行動と生態に関する研究は、グドールさんによるタンザニア西部のゴンベ・ストリーム国立公園で出された成果が

写真 4-3　ジェーン・グドールさん
1990 年 10 月、来日したときにピグミー・チンパンジー研究の加納隆至さん（右）と一緒に写した（左は私）。

ほとんど唯一だった。あとはブドンゴの森でのレイノルズさんの基礎調査ぐらいだっただろうか。京大調査隊もゴンベの八〇キロメートルほど南のカボゴ岬に基地を持って調査をしていたが、臆病なチンパンジーをときどき垣間見る程度で、これといった成果が上がっていなかった。ブドンゴの森は深く広く、近くに僅かしか畑はなく、調査には絶好だった。こうして私はただちに個体識別を始めることができた。
グドールさんによればチンパンジーは日常的に離合集散しており、安定した集まりは母と子以外にはないということだった（Goodall 1965）。

グループとパーティの区別

たしかに時々刻々離合集散しているのだが、しかし毎日観察する顔ぶれには限度があり、ほんの少し離れた地域ではまったく知らない顔ばかりだった。つまり、ある地域の中で同じ顔ぶれがくっついたり離れたりしているのであって、一つのグループの中での離合集散だと考えられたのである（図4－2）。

私の調査地の真ん中を行動域とするキフラ・グループは、おとな雄一一頭とおとな雌九頭を含む約四一頭の群れだった。同じ頃、カボゴのさらに南七、八〇キロメートルのマハレ基地での調査を始めた西田利貞さんも同じことを発見し、二人の研究結果は日本モンキーセンターから発行されている国際学術誌『プライメイツ』の同じ号に掲載された（Nishida 1968; Sugiyama 1968）。この二つの報告でチンパンジーの基本的な社会集団の概念がほぼ定着した。

なお、この離合集散する集団を伊谷純一郎さんの示唆に基づいて、当時ニホンザルの研究でしばしば使われていた地域個体群という呼称を借り、リジョナル・ポピュレーション（regional population）と呼ぶことにしたが、マハレではユニット・グループ（unit group＝単位集団）と呼ぶことにしたようだ。これを知ったとき、早めに投稿した私の原稿はすでに校正が終わっており、リジョナル・ポピュレーションのままで通した。

しかし公表後、気になって生態学者の三浦泰蔵さんに相談に行った。「そもそもポピュレー

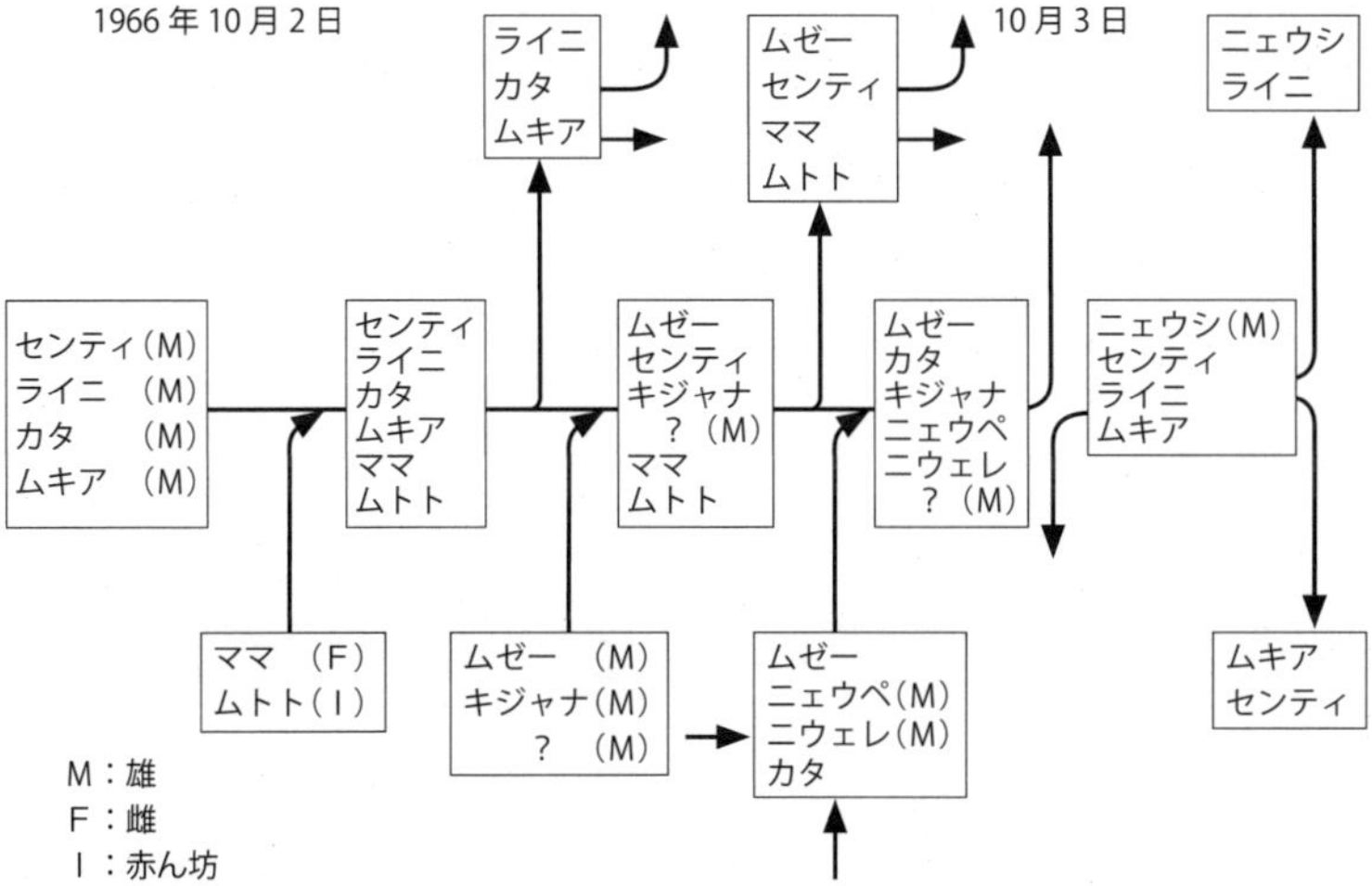

図 4-2　ブドンゴのチンパンジーの離合集散

チンパンジーがしばしば訪れるイチジクの木（Ficus capensis）に来たチンパンジーの 2 日間にわたる顔ぶれの変化。

ションとは地域的なものであり、それにリジョナルをつけるのは重複表現だ」と一蹴されてしまった。「それではユニット・グループではどうですか」と問うと、「集団（group）とは（個体の）集合の単位（unit）であり、これも不適切だ」とのことだった。こうしてその後の私は、単に群れ（group）と呼び、時々刻々変わる集まりをパーティ（party）と呼ぶことにして通している。なお、ゴンベのグドールさんやタイの森（西アフリカ・コートジボアール）のボエッシュさんはコミュニティ、レイノルズさんはオープン・グループと呼ぶことにしたようだ。

ちなみにニホンザルやヒヒのような確固とした大集団はトゥループ（troop）、ハヌマン・ラングールのような小集団はグループと呼ぶことが多い。いずれもグループでいいんじゃないか、と今は考えている。そしてメンバーの一定しないルーズな集まりである雄の集団は、ニホンザルでもハヌマン・ラングールでも、チンパンジーの随時形成集団と同じように〝パーティ〟と呼ぶことにしている。たかが集団の呼称に過ぎないが、見ている人と場所が違い、その対象の表現型が少しずつ違うと、簡単に統一することができないようだ。

大学紛争で再調査はできずじまい

さて、個体識別は順調に進み離合集散のデータも蓄積されたが、わずか半年の調査期間はあっという間に終わってしまった。再度のブドンゴ調査を画策している最中にいわゆる大学紛争が始まり、すべての計画が宙に浮いてしまった。他の教室では紛争中でも海外渡航をする教授もいたが、私は翌年度の調査を辞退し、大学院生の鈴木晃さんに譲った。造反教官などという格好の良いものではなかったが、せめてもの意思表示だった。海外調査は当分無理だろうと考えて選択した霊仙山のニホンザルの調査については、すでに第二章で紹介したとおりである。

そうこうするうちにウガンダではクーデターが起こり、拳闘家のダダ・アミン氏がオボテ大統領を追放して自ら大統領の座に就き、国内の混乱は部族間の抗争に発展していった。これではとてもチンパンジーの調査どころではない。発展途上国での野外調査は常に政治の混乱に翻弄されるというごく初期の例だった。それでも、これまで現地滞在中に騒動に巻き込まれて脱出もできなくなるような事態に出会ったことが一度もないのは、不幸中の幸いというべきだろう。
こうして、ブドンゴでの調査を再開する機会は完全に消滅してしまった。

2＊ボッソウの社会集団と繁殖集団

新しい安定調査地を求めて

ブドンゴの調査以後、一九七二年に半年だけヒマラヤ高地に生息するハヌマン・ラングールの調査に赴いたことは第三章で述べた。あとは、ずっと本格的な海外調査から遠のいていた。この頃までの文部省の方針として、海外調査は有力教授（または助教授）の主導する大編成の調査隊しか認めていなかった。若い研究者は科学研究費を獲得したリーダーの掲げた研究テーマの範囲内で、キンギョのウンコのようにくっ付いて行くより海外調査の道はなかったのである。

事態が動き始めたのは一九七〇年代の半ばになってからである。文部省はやっと単独または少人数調査の意義を認めるようになった。最初は東京外国語大学や国立民族学博物館などの言語や文化の調査だったと思う。これこそ単独で現地に住み込み各地の言語と文化を収集・記録する作業が主で、大部隊を組むことは無意味だからだ。これに倣って京大霊長研にも特別事業という予算枠が設けられ、最低限の費用ながら一人一年間の単騎で長期の「新しい安定調査地の探索と確立」という目的の調査が認められることになった。

もちろん当時の文部省のことだから、この予算を使えるのは教官に限られている。しかしまるまる一年間、単騎で長期の調査に出られる教官はそう多くない。とくに長期の海外調査に出られる若い教官はたいてい家族持ちで、小さい子がいたからだ。結局、すでに助教授になっていて国内での用務もたくさんあったが、巡りめぐって一九七六年度は私に白羽の矢が立ってしまった。

世界の果て・ボッソウの生息環境

前の年度の八月にイタリアのパルマで国際動物行動学（ethology）会議があって出席した機会に、私費で足を伸ばして私は西アフリカのギニアに行ってみた。ここは一九三〇年にアメリカのヘンリー・ニッセンという人が最初に野生チンパンジーの調査をした、いわば野生チンパンジー調査のルーツである。一度は行ってみたいと思っていたところだ。

ギニアに行ってみて驚いた。首都のコナクリ空港には電気もつかず、町には商店の一軒もない。地元のマーケットでは畑で採れた作物や海で夫が捕ってきた魚をおばさんたちが台の上や地面に並べて売っているから、現地の人たちの食生活は成り立つのだろうが、およそ現代文明のかけらも感じられない。フランス植民地時代の廃墟が、ドアが壊れガラスの割れたまま並んでいるだけだ。このことについてはすでに詳しく書いたことがあるので、興味のある方はそちらを読んでいただきたい（杉山 一九七八、一九九六）。

ここから先の調査経過も、その詳細をすでに前著『文化の誕生』に記した（杉山 二〇〇八）。ここではボッソウ・チンパンジーの特徴とその提起する問題について、前著では議論し切れなかった点に絞って話を進めることにする。

チンパンジーが特段に人間に近いからか、ただのパフォーマンスか、最近はチンパンジーを一人、二人と数える人がいるが、私はチンパンジーをできるだけ動物として見ることにしてきた。わざわざ一人、二人などと数えなくても、人間視点で見なければならない場面は無数にあるからだ。

ボッソウ・チンパンジーの群れは調査当初から二二頭しかおらず、「遠からず消滅するだろう」などと言われたりした。しかし、私が予備調査に入ってから少なくとも二〇〇三年までの二八年間、私より前にボッソウで調査したことのあるオランダのアドリアン・コルトラントさんの頃から数えると四〇年近くも、二〇頭前後のまま安定個体群の状態を保っていたのだった。

一九四〇年代の初めからフランスの研究者、M・ラモットさんによってチンパンジーの生息が確認されていたので、少なくとも六〇年間ということになる（写真4-4）。さらに、この村ではチンパンジーが昔から守り神のような存在だったというから（山越 一九九六）、人間の入植以来と言ってもよいだろう。

ボッソウにチンパンジーが住み着いてから五百年経っているのか千年経っているのか分からな

写真 4-4　ボッソウの森
ほとんどが一度は伐採され耕地化されたことのある二次林だ。

いが、その頃から延々とこの状態が続いてきたのだ（図４－３）。少なくとも現在より悪くはない状態に生息環境が維持され、人々のチンパンジーに対する意識も変わらず、そして密猟などの人為的な排除がない限り、この状況はこれからも続くだろうと私は考えている。

半隔離集団の繁殖構造

半ば隔離された野生動物の小さな個体群が千年も万年も続くためには、もう一つの条件がある。社会的にだけでなく、繁殖上も隔離されていないことである。

一般に、近親交配は遺伝的に子孫に悪影響を及ぼすと言われている。しかし本当のところ、近親交配が野生個体群でどれほど不利になるのかは誰にもよく分か

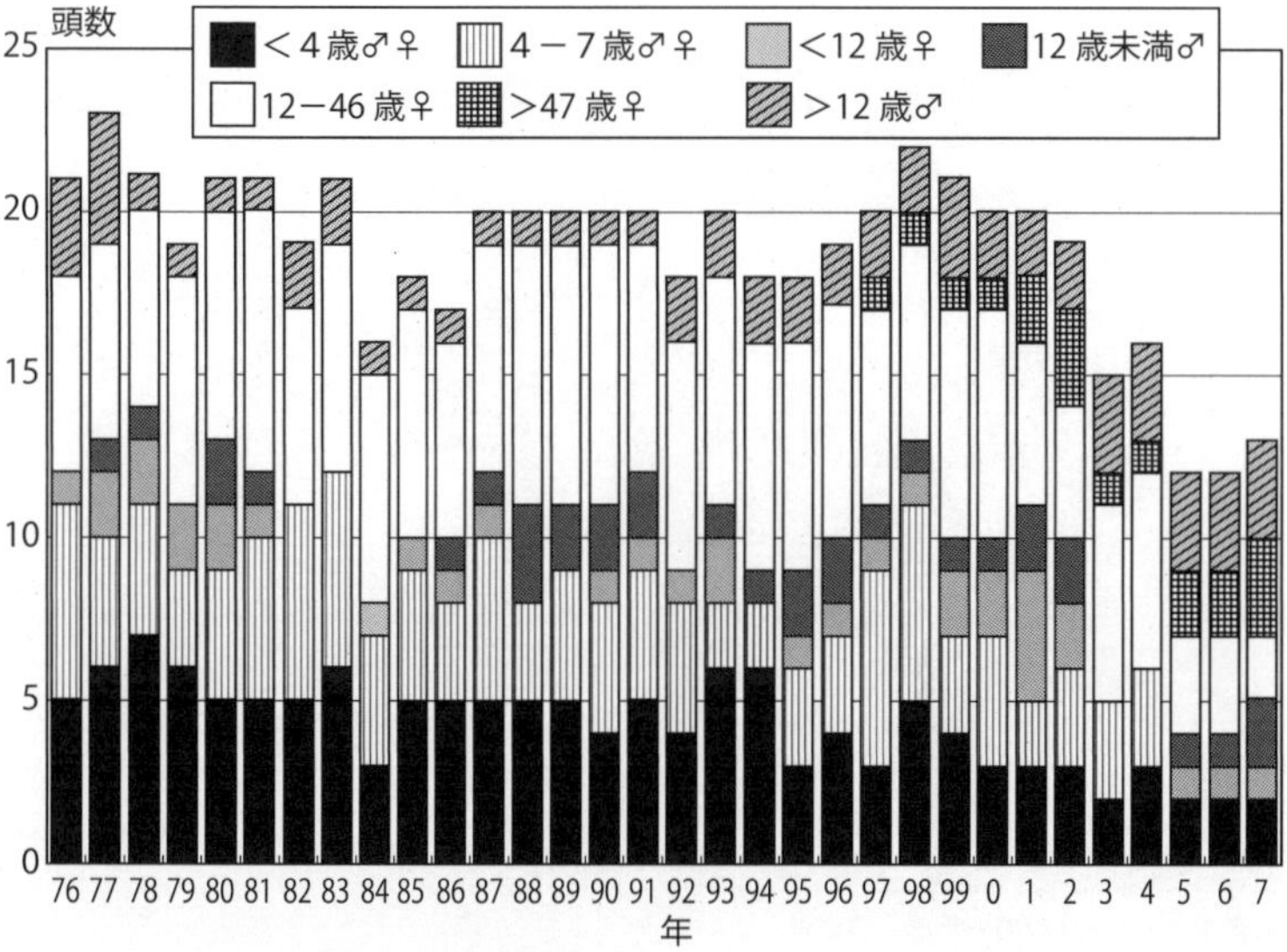

図4-3　ボッソウ・チンパンジーの個体数の変化

こんな小さな群れは遠からず消滅するだろうなどと言われながら、2003年末の呼吸器系疾患の流行までは20頭前後の安定個体群が維持されてきた。

らないのが実情だ。したがって隔離集団は、大きな生息域の中で激しい競争に晒されるという試練がないので身体が大型化しないというような面は出てくるだろうが、たとえ完全に隔離されていても絶滅することはたぶんないだろう。東アフリカのチンパンジーと比べてみたところでは、むしろボッソウのチンパンジーの身体のほうが大きいか、少なくとも小さくはなかった（写真4－5）。

屋久島は今から七五〇〇年前頃に大噴火があって、動植物の大部分が死に絶えたという。したがって海を渡れない現存の動植物の大部分は、僅かな生き残りから再出発したはずである。屋久島のニホンザルの場合、その遺伝的変異性の小ささから、雌だけで数えて僅か数十頭から

写真 4-5　ボッソウの一番雄、ヨロ
半孤立状態にあるが、繁殖構造は近隣の群れとつながっている。（2006 年）

再出発した可能性さえあるという。たとえその何倍かだったとしても、その後一万頭以上に増えたと言われるサルの全員が近親交配の子孫であることは間違いない。好適な環境があった屋久島では、絶滅するどころか森中がサルで高密度生息になっている。

　伊豆の大島が今畑荒らしで頭を抱えているタイワンザルは、一九四〇年頃に動物園から脱走した三〇頭ばかりが繁殖を繰り返して一千頭近くにまで増え、村落にまで進出したのだ。毎年二〇〇頭前後を捕獲しているが少しも減る気配がない。

　ガラパゴス諸島の動植物にしても同様だ。島嶼性と呼ばれる特徴が出てくるにしても、特別生存に不利な形質を持っているのでない限り、繁殖隔離という条件だけで生物種の隔離集団が絶滅するとは限らない。具体

写真 4-6　ボッソウの調査基地

調査員の増加に伴い民家への間借りを止めて、1988 年に初めて自前で建てた調査基地。村の人が外壁にチンパンジーの絵を描いてくれた。今はもっと立派な研究所が建っている。

的な根拠なしに誇大宣伝される近親交配の生物種に及ぼす悪影響をそのまま信じては危険だ。

この点について、ボッソウは六、七キロメートル離れた巨大なニンバ山脈に生息するチンパンジーと僅かにつながっているようだ。「ようだ」と言うのは、明らかにボッソウの雄ではない父親を持った子どもがＤＮＡフィンガープリント法による父性判定で見つかったからである。父親がニンバのチンパンジーと断定はできないが、遺伝的には細々と近隣の個体群とつながっていることは確かなのだ。

社会と言うとき、日常的に交渉のある個体の関係の総体としての集まりである「社会集団」と、遺伝的なつながりを持った「繁殖集団」の両方があることを忘れてはならないことは第二章で述べた。たとえばニホンザルの離れ雄は社会集団である群れには属しておらず、社会行動などを中心にした社会の話には登場しないことが多い。しかし、日常的に行動を共にしていなくても繁殖集団にはしっかりと組み込まれている。後者は目に見えないことが多いだけに、つい軽視されがちなので注意を要する。

3＊分散と移籍の構造

雄も雌も移出している？

ボッソウのチンパンジーのもう一つの特徴は、雄雌両方が移出入している可能性があることだ。図4－4は、四年ごとにどれだけチンパンジーがボッソウに残っていたかを二〇〇七年までの資料から示したものである。生後最初の四年間で雄は八一％、雌は七三％。雌のほうが少し低いが、それでも両性とも七〇％以上がしっかりと残っていた。成長の遅いチンパンジーは最初の四年間がほぼ授乳を続ける赤ん坊期なので、この間にいなくなった赤ん坊は、母親と一緒に失踪したものは別として、それ以外は死んだと考えて差し支えないだろう。それでも野生動物としてはきわめて高い残存率だと言える。

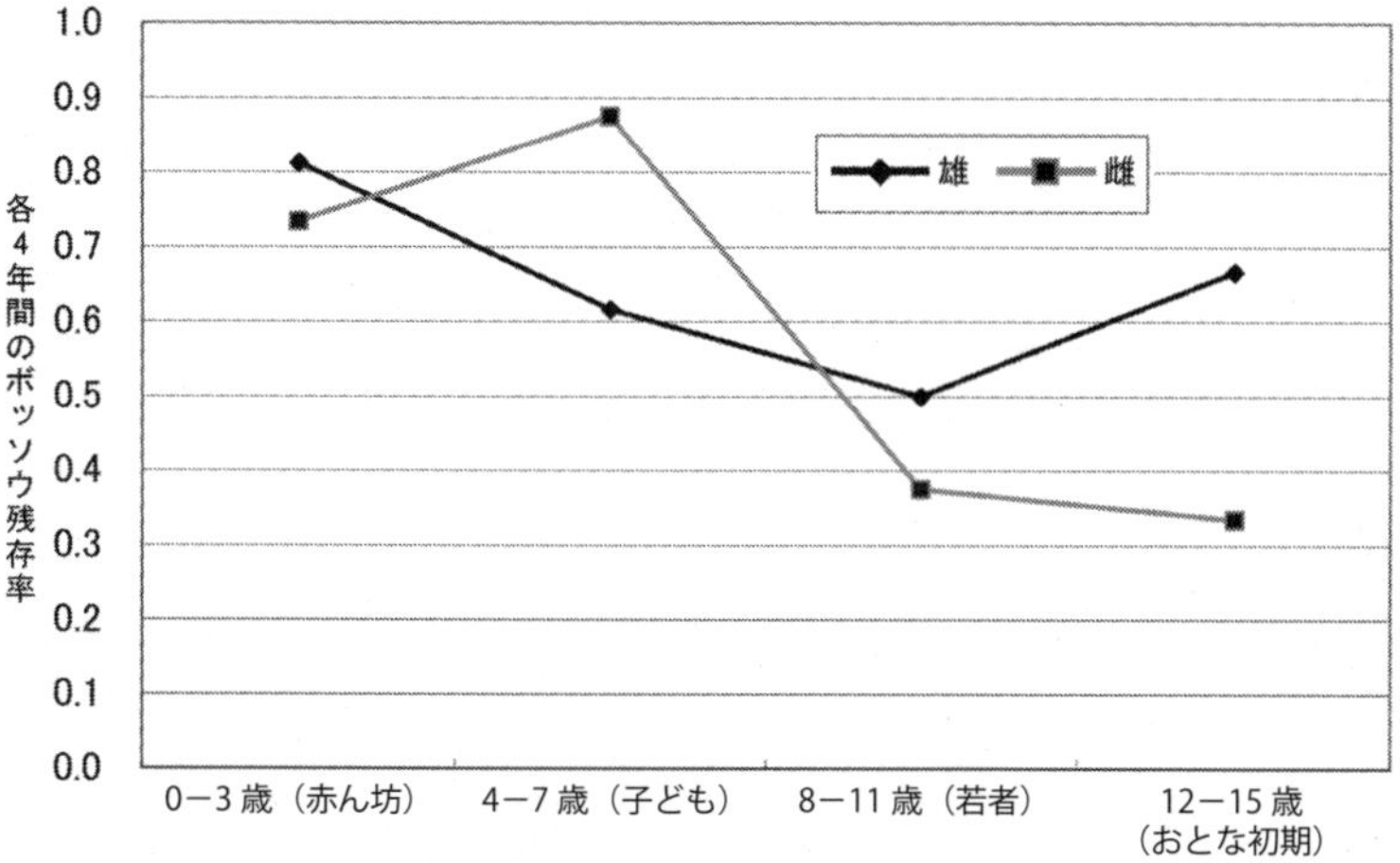

図4-4　若齢個体の4年ごとのボッソウ残存率

サンプル・サイズは年齢クラス順に雄(◆)が16、13、8、3、雌(■)が15、13、8、3。赤ん坊と子ども期は高い残存率を保ってきたが、雄は7から12歳、雌は8から16歳までに大多数が元気なままどこへともなく消失した．死体はほとんど見つからず、捕食者のいないボッソウでは大部分が死んだのではなくどこかへ出て行ったのだろうと考えられる。

問題はその次の四年間の子ども期である。まだまだ母親への依存度が高く、少なくとも前半の二年間は移動に際して母親の背中に乗ってゆく。雌はこの期間に八八％と高率で残っていたが、雄は六二％と急降下した。グラフには出てこないが、この時期の雄の消失の主要部分は後半、とくに七歳に集中していた。なぜ最も活発になった雄の残存率がこの時期に急降下するのかが問題である。

さらに若者期の八歳から一二歳未満で雄の五〇％が消え、雌は三八％しか残らなかった。つまり一二歳までボッソウに残っていたのは、雄で二五％、雌で二四％と、ほぼ同率だったわけである。そして成熟したおとな初期の一二歳から一五歳に、雄は六七％の残存率に対して雌はたった三三％であった。幼少から観察を続けてこの年齢に達した個体は雄雌ともに三頭しかおらず、もはや統計的に云々することはできないところまで少なかった。

なお、その後、雄は二頭が群れに定着したが、雌は二頭が一六歳で失踪してしまった。

さて、いくつもの調査地でチンパンジーは雌が出生群を離れて近隣の群れに移入し、雄は出生群で一生を過ごすと言われている。ニホンザルを初めとする多くの哺乳類と逆の傾向である。

ところがボッソウで上記の若い個体の残存率を見ると、六、七歳から一二歳にかけて雄が急激に消失している。最も活発に行動する世代の多くが元気なまま突然消えてしまったのだ。この現象をどう考えればよいのか私は思案しかねているのが正直なところだ。少なくとも消失した全員がボッソウにいながらその中で死んだとは考えられない。捕食者も密猟者もいないボッソウの中にいながら雄だけ死亡率が高まる原因も考えられない。

残念ながら近隣個体群はいまだに臆病で十分に観察できる状況ではなく、よそで生活しているという証拠を得ることができずにいる。しかし、その何割かは元気なままよその土地に出て行ったと考えるべきだろう。

完全な移入が見られないのはなぜか

では反対に、よそからの移入はどうなっているのか。調査初期の頃、二頭の雄が群れに入ってきたのを確認した。前者は群れの一番雄と激しく抱き合い、双方ともに歯をむき出して興奮と緊張を露わにしていたが、必ずしも敵対的とは見えなかった。あえてその恣意的な印象を言えば、久しぶりの再会に驚喜しているかのようだった。しかし、彼がもともとボッソウの出身だったのかよそから来た個体なのかは不明だ。もし前者ならこれまでどこでどうしていたのだろう。ところが、やっと落ち着いてきた二一日後に彼は再び消えた。そして二度と見ることはなかった。

二例目の雄は調査の空白期間に移入して私のいた四か月間平静に行動していたが、次の調査に入ったときにはもういなかった。前の調査終了の直後に移入して次の調査の直前に去ったのなら（つまり最長の可能性を考えると）五年間ということになる。しかし、実際にはたぶん一年間前後のボッソウ生活だったのだろう。つまり、一時的移入雄はいたが一年を超える完全移入雄はこれまでに一頭も確認できていない。それでも前に記したように、群れから離れてもそっと雌に近づければ繁殖の機会はあるだろう。繁殖の機会さえあれば、雄は社会集団から隔離されていても子孫残しに関しては大して痛痒を感じないはずだ。

問題は、単独生活をしながら群れ内にいるのと同じ程度の繁殖機会があるかどうかである。DNAフィンガープリント法による判定で群れの外にしか父親のいない子が確認されたのは、ボッソウでは一頭だけだ。コートジボアール・タイの森では二二頭の子の半数以上の父親が群れ外の雄だったという研究があったが、その後、父親不明の子はそれほど多くないと修正されている。群れ内の劣位雄と比べて単独雄の繁殖機会が多いのか少ないのか、現在はまったく不明で手掛かりさえない。

原因不明の若雌の失踪

さて、大多数のボッソウ生まれの雄は若いうちに消えてゆくが、一六歳までいた二頭はそのまま安定して残っている。ごく少数の雄がこうして群れを引き継ぐことになるのだろうか。雄は一生を生まれた群れで過ごすというが、よその個体群でも、私が調べたブドンゴのキフラ・グループ（前述）以外は、これまで調べられたどの群れでも例外なく雌より雄のほうが少ない。つまりどれほどかは差があっても、多くの雄は若いうちに失踪しているのである。

一方、ボッソウでは雌が八歳から一六歳の間に急激に減少したが、彼女らの多くも元気なまま突然消失してしまった。しかもその半数はまだ小さな赤ん坊をつれたままである。これはよその個体群と同じく近隣の群れに行った可能性が高い。しかし、発情した若い独身の雌が雄を探してよそに出て行くのは分かるにしても、子連れというハンディキャップを負いながらどうして単独で出てゆくのだろう。よその個体群でもこの現象は見られるようだが、なぜなのか納得のいく説明は誰もできないでいるのが現状だ。

一般にされている説明は、雄が出て行かないから近親交配を避けて雌が出て行くというものだ。この説明は、子孫にどれほど不利な負荷がかかるか分からないまま、近親交配は当該個体の存続と子孫の継続上絶対的に不利だという仮定に基づいている。しかし、近親交配による不利益とハンディキャップを負って群れの外に出てゆくリスクのバランスを検討することが必要なのではなかろうか。タンザニア・マハレの調査地では、近隣の群れに移籍した雌の連れ子の多く、とくに息子は加入した群れの雄に殺されたという。だとすると、子持ち雌にとっての移籍のリスクは特段に大きいことになる。

一方、ボッソウで問題なのは、それにもかかわらずよそから移入してくる雌が皆無なことだ。昨今気になっているのは過剰人付けの問題である。つまり、チンパンジーが観察者に慣れすぎている。この問題はあとにもう一度検討したいと思うが、移籍に関しては次のような事態が考えられる。つまり、たとえよそからチンパンジーがやって来ても、これから移入しようとする群れのすぐ近くに観察者である人間がいる。恐れをなしたよそ者は、観察者の目に止まらないまますっと去ってしまう。そんなことが起こってはいないだろうか。

ニホンザルでは群れから離れた個体の行動については第二章で述べたように少しずつ明らかになってきているが、チンパンジーについては不明の部分が多すぎる。繁殖構造と分散の実態の解明は、いま野生チンパンジー研究の抱えている最大にして最難関の課題だと言ってよいだろう。

分散イコール移籍ではない

ここで気がつくことがある。第二章で述べたように、ニホンザルでは通常、分散しないほうの性でも分散することは例外という以上に多く見つかるが、よその群れへの完全な移入すなわち移籍はきわめて少ないということである。チンパンジーでも、たとえ移籍してもその群れに何年も定住するわけではなく、そのまま居つくことは稀だといってもよい。ピグミー・チンパンジーでは移籍後一二か月に及んで群れの雄と良好な関係を結んだという雄の例が記録されているが、それでも再び失踪したらしい（Hohman 2001）。

第三章で紹介したように、ダルワールのハヌマン・ラングール第七群が外来の雄に乗っ取られたときに第一群の若雌が混乱中の第七群に移籍した例があった（杉山 一九八〇）。しかしこの場合、まもなく調査期間が終了したためにこの若雌がずっと第七群に居ついたのかどうかは確認できなかった。

これまで明瞭に区別されてこなかったことがある。つまり、移入は分散した個体の一部であって、すべてではない。通常は出生群に居残るほうの性であっても、分散は必ずしも稀有な現象ではないということだ。しかし、移入の例は少なく、年余に及ぶ永続的な移入はまだほとんど記録されたことがない。私の調べたニホンザル、ハヌマン・ラングール、チンパンジーでそうだったが、他の種でも通常は群れから離れないほうの性が永続的な移入をした例は少ないだろう。こうしてみると、よその個体群と同じように、ボッソウのチンパンジーも通常は雄があまり分散しないほうの性だと位置づけられることになるのだろうか。

だとすると雌はどうなのか。若者期からおとな初期（八〜一六歳）にかけて幼少から観察していたすべての雌が失踪したが、移入の片鱗もなく、調査開始以来の成熟雌たちがはたして移入・移籍してきたものか否かまだ不明のままである。やはり、今のところは両性分散の社会だとしておくのが適当かと思われる。

人類の原型は雌移出という主張は正しいか

伊谷さん（一九八六）を初め霊長類学者（または人類学者）のリチャード・ランガムさん（Wrangham 1987）も、古市剛史さん（一九九九）も、山越言さん（二〇〇〇）も、長谷川寿一・長谷川真理子さん（二〇〇〇）も、山極寿一さん（二〇〇〇）も、B・シャペさん（Chapais 2008）も、説明に多少の違いはあるが、現生の人類の多くは男性が親のもとに残り女性が移出するので、人類もチンパンジーもその共通祖先は雄が出生地に居残る父系（夫方居住）社会だったと主張している。しかし私はずっと、チンパンジーは哺乳類の基本である両性が移出分散する社会またはどちらでもない社会であり、環境によって雄が居残り雌が移出する傾向ができるのだろうと主張してきた（杉山二〇〇二）。なぜなら、人類で男性が土地を含めた親の財産を継承して女性がよそに行くのは、農耕文化が芽生えて土地に定着し、持ち運べないほどの財産、とくに土地という不動産を所有するようになってからのことだからだ。

農耕の開始以後に男性が家族の支配権を握り、女性は親または継承者としての男性によって、財産の一部として取引の資源にされたのだ。この点は、古くは文化人類学の開祖とも言われるGP・マードックさん（Mardock 1949）によって、さらに何人もの文化人類学者によって主張されている（たとえばMarlowe 2004; Wilkins & Mrlowe 2006）。前記の霊長類学者たちがなぜ起源を探る思考の中で「現代の」人類社会しか比較検討の対象にしないのか、私にはまったく理解できない。

4＊成長、成熟、そして老化

早熟なボッソウ・チンパンジー

表4－1をご覧いただきたい。ボッソウのチンパンジーは早く成長していち早く成熟し、一〇歳で出産を始める。体力のある一九歳から二八歳を中心に短い間隔で出産するが、これまでのところ最高では五〇歳でも出産し、さらに発情を続けており、もっと出産する可能性が残されている。

初産年齢はよその調査地のチンパンジーよりおよそ四年も早い。良好な条件で飼育されているチンパンジーと同じぐらいだ。遺伝的な差があるとは思えない。なぜなら、大きく見れば同じ個体群に属するコートジボアール・タイの森のチンパンジーでも東アフリカのそれとほぼ同じ水準なのに、ボッソウだけ早いからだ。しかし飼育下より早いわけではないので、好条件にあるというだけで、生理的変異の範囲内と見てよいだろう。

そしてその雌たちだが、若いうちに次々と消失してゆく。

調査初期に子持ちまたは成熟直前の段階でいた八頭の雌の顔ぶれが一頭も欠けることなく、二〇〇三年末の集団呼吸器系の流行病で二頭の老齢雌が死ぬまでの二七年間、延々と続いていた。

表 4-1　各調査地の繁殖パラメーター

ボッソウ・チンパンジーの初発情と初産年齢は他の調査地と比べて圧倒的に早く、好条件の飼育下と一致する。出産間隔も短く、繁殖率は高い。

種、個体群／コロニー	初発情[1,2]	初産年齢[1]	出産間隔[1,3]	生後 4 年の残存率 ♂	♀	種・亜種	出典
〈野生チンパンジー〉							
ボッソウ（1976-2007）	8.5（8-9; 7）	10.6（9.5-13; 6）	5.2（4-11; 18）	0.813	0.733	西北	Sugiyama 2008
ボッソウ（1976-2001）	8.5（8-9; 5）	10.9（9.7-13; 5）	5.3（4-11; 17）[4]	0.786	0.786	西北	Sugiyama 1994, 2004
タイ	10	13.7（12.5-18.5; 7）	5.8（4-10; 33）	0.6	0.6	西北	Boesch 1997, Boesch & Boesch-A 2000
ゴンベ	10.8（8.5-13.5; 8）	13.3（11.1-17.2; 28）	5.2（3.3-7.8; 11）	0.659	0.758	東	Wallis 1997
マハレ	10.11	14.6（12-20; 10）	6（4.5-7.3; 19）	0.36	0.49	東	Hiraiwa-H et al. 1984; Nishida et al. 1990
〈飼育チンパンジー〉							
ハラマン空軍基地	8.8（7.0-10.8）	10.5（8.2-13.7; 17）	-	-	-	3 亜種混合	Smith et al. 1975
多摩動物公園	8.3（6.8-10.2; 19）	11.5（9.3-14.5; 16）	-	-	-	主に西北	吉原 1985
三和霊長類パーク	8.2（7-11; 5）	10.0（9-11; 6）	4.2（?-?; 8）	-	-	主に西北	Udono et al. 1989
日本の飼育総合	8.3（?）	11.6（5-37; 127）	-	-	-	主に西北	吉原 1999
〈野生ボノボ〉							
ワンバ	-	-	4.8（1-9; 28）	-	-	-	Furuichi et al. 1998, pers.comm.
〈野生ゴリラ〉							
カリソケ	-	10.2（9-13; 8）	3.9（3-4.9; 22）	-	-	ヤマゴリラ	Fossey 1984; Stewart 1988
カフジ	-	10.6（9.1-12.1;18）	4.6（3.4-6.6;18）	-	-	低地ゴリラ	Yamagiwa 2001
ビルンガ	-	10.1（8.7-12.8;16）	3.9（3.0-7.3;16）	-		ヤマゴリラ	Watts 1991
〈飼育ゴリラ〉							
欧米の動物園	-	9.4（6-19; 44）	4.2（2.3-6.4; 16）				Sievert et al. 1991; Kirschofer 1985

1: 年齢（データの幅 ; 標本数）　2: 性皮の最大腫張　3: 上の子が 4 歳までに死亡の場合は除外　4:11 年の例を除くと 4.9 年 , - はデータなし

亜種の名前：西北はベルス（*verus*）、東はシュベインフルティ（*schweinfurthii*）、西中央はトログロディテス（*troglodytes*）

出産率が低いわけではない。むしろよそより高めなのに、雌は若者から一六歳までの間にやはり一頭残らずみんな消えてしまった。唯一残っているのは、観察当初すでに九歳と推定した個体だけだ。

上記の老齢雌二頭は、いずれも推定年齢だが五〇歳前後に達していた。うち一頭は調査開始後二七年間まったく出産なしの元気な老齢雌だった。最後の出産後二七年以上も生き続けたのは、動物では特例と言ってもいいだろう。動物では、最後の育児のすんだ頃が通常の寿命だからである。

コウラの実を知らない雌

二番目の問題。隣接するニンバにはたくさんあってボッソウにはないコウラ・エヂュリス（Coula edulis）という木の実を持ってきて置いたところ、一頭の雌だけが躊躇なくこれを石で叩いて割った。他の雌たちは匂いを嗅いだだけで無視した（Matsuzawa et al. 2001）。ボッソウのチンパンジーはアブラヤシ（Elaeis guineensis）の種子を糧食としており、石で固い実を割って中の胚乳を食べる。だから叩き割りの文化は西アフリカに共通している。しかしコウラの木は知らない。だとすると、コウラを割った雌だけがコウラを知っていて他の雌は知らなかったのだ。コウラの木があるところから移籍してきたのはこの雌だけで、他の雌たちはどこから来たのだろう。

一方、初めからいた八頭の雌のうちの二頭はまったく堅果《けんか》割りをしない。いずれも移入個体だとすると、堅果割りをしない群れから来たことになる。隣のセリンバラ群ではまだ堅果割りは確認されていないようだが、周辺を堅果割り集団に取り囲まれていて、この群れだけが堅果割りをしないとは考えられない。近隣にコウラの木のないチンパンジー生息地は知られていない。自群出身も含めて、雌たちがどこから来たのかは残された重要な課題である。

同一群から来た雄と雌がいる

三番目の問題。一五年間に及んでボッソウの第一位雄として過ごし、今日でも健在のテュアと三頭の長老雌、カイ、ファナ、ジレが同一母系に属することがミトコンドリアDNA分析によって最近判明した(Shimada et al. 2009)。四頭ともボッソウ出身か、四頭とも同じ近隣の群れからやってきたかのどちらかである。移入してその後の生涯をその群れで過ごすのは雄か雌のどちらかだけではないことが証明されたことになる。

そして四番目の問題。ボッソウのチンパンジーが、まさに日本の過疎地社会と同じ構造になってしまったことだ。残された群れに赤ん坊は少しずつ生まれているとはいえ、若者のいない高齢化社会になってしまった。地方の若者が都会にあこがれて出て行ってしまうのと根本的には同じ理由なのだろうか。

5＊流行病によってもたらされた個体数減少

個体数減少とその要因

ボッソウのチンパンジーは高い繁殖率を誇るのに、集団サイズは大きくなるどころか、二〇〇三年末の集団呼吸器系疾患によって群れの五分の一もの個体が死ぬか、もしくはこれを契機に失踪してしまった。

ボッソウだけではない。これまで三〇年以上の永きにわたって調査が継続されている各地で、個体数はいずれも減少している。個別の原因があるとはいうものの、いずれの調査地でも流行病の蔓延が通常の増減のほかに大量死をもたらし、結果として個体数の減少となったのである。

なぜ野生チンパンジーに流行病が蔓延するのか。もちろん自然流行はあるだろう。しかし一つの可能性は、観察者に慣れたチンパンジーとの距離が近づきすぎたことにより、病原菌に対する抵抗性の低い野生動物に人間から感染がもたらされたというルートである。観察者は研究者だけではない。その助手や観光客も含まれる。ボッソウでは村人もいる。チンパンジーに近づきすぎないこと。風邪をひいたり下痢をしたらフィールド・ワークを休むこと。仲間内ではルールを守るように注意しても、すべての人に徹底することは難しい。

チンパンジーが人に慣れてきたことは明らかに私たちに責任がある。間近で観察できるようになって誰もが喜んでいる。そして一度人間に慣れてしまった動物を人間から引き離すことは至難の業だ。ニホンザルにも同じ問題が生じている。しかし今、それに対する方策を実行しなければならない時代に入ったように思われる。

6＊独自の文化

ボッソウ・チンパンジーだけに見られる特異性

ボッソウのチンパンジーには、これまで長い年月調査された地域の中で最も変異に富んだ多くの道具使用行動が見られる（表4－2）。道具使用の種類数だけでなく、一つの目的に複数の異なった道具を使う複合道具使用も一番多い（表4－3）。そればかりか、ボッソウのチンパンジーにはよそでは見られない類の独自な道具使用が見られる。

たとえば池の中の水藻（アオミドロ）を採るのに、高茎草本の茎や樹木の小枝を一本のスムースな竿にしてこれを差し出し、水藻を掬い上げる。「水藻掬い」である。あるいはヤシの木のてっぺんを長くて硬い葉柄で突いて樹頂を崩し、滲み出てきたほんの少し甘い樹液をなめとる。

「杵突き」である。手の届かないところの枝を引き寄せるのに長い棒をつくり、これで引き寄せる「枝寄せ」もある。よそでは類似の行動さえも見られない類の道具使用である。

なぜボッソウのチンパンジーには道具使用行動が特段に多いのか。村の近くに住んでいるから村人の行動を見ていて、これらを真似したのではないかとの見解が示されたことがあった（Kortlandt & Holzhaus 1987）。その可能性は捨てきれない。西アフリカのチンパンジーではヤシの実などの固い木の実を石で叩いて割る「堅果割り」が知られているが、これも「人間からの真似」説を支持する材料の一つである。

ほんとうに人間の真似をしたのか

しかし、これまでチンパンジーを含め、野生の霊長類では人間の行動を真似したという報告が一つもない。飼育下の霊長類は人間が見本を示して教えると、短期間にさまざまな行動を真似して自分も始めるようになるが、野生の霊長類は異種である人間行動の詳細に関心を持っていないらしいのだ。

赤ん坊を初めとする若い個体は母親や大人の行動を真似してすぐに同じような行動をするようになるが、人間の行動には興味を示した例がない。もし村人の行動を真似したのなら、それはそれで新しい発見である。異種である人間の行動をわが物として認識し、取り入れたということになるからだ。しかし、独自に始めたのか真似したのかはまだ不明だ。どちらかを証明することは

表 4-2　道具使用一覧

1999 年時点の状況で主な例のみ表示。＋はあり、＋＋は高頻度にあり、－はなし。アンダーラインはその土地でしか見られない特徴的道具使用。ボッソウは総数が多いだけでなく独自の道具使用が多い。

材料の分類	行動と道具の型	調査地 ボッソウ	タイ	ゴンベ	マハレ	その他の調査地 ・他亜種の使用あり	備考
葉	スポンジ	++	++	++	++		水飲み使用
	タオル、雑巾、モップ	+	+	++	+	ブドンゴ・東	傷や体に着いたべたべたの異物を拭く
	葉ちぎり落とし	+	+	+	+		威嚇と誇示、苛立ち表明
	座布団	+	++	-	-		濡れた地面に敷く
	葉っぱグルーミング	-	-	+	+		目的不明
	容器	+	-	+	-		ワッジ（食べかけの食物）などを包む
枝、幹、地上根	虫潰し	±	-	-	-		穴の中の虫や外部寄生虫などを棒で押し潰す
	ベッド	++	++	++	++		樹上。昼寝用は地上にも作る
	櫛	+	+	+	+	ブドンゴ・東	毛被を掻く
	枝引きずり	+	+	+	+		遊び仲間の招集かおとな雄の示威行為
	ドラミング	++	++	++	++		主におとな雄が大木の幹・板根を叩いて示威
	踏み台	-	-	-	-	シエラレオネ・西北	カポック（パンヤ）の木の枝？
細棒、竿	探り棒	++	++	++	++		穴の中を探る
	楊枝	-	±	-	-		殻にこびりついた実の取り出し
	鼻水かき出し棒	-	-	-	±		鼻づまりのときにくしゃみ誘発
	引き出し棒	+	+	+	+		木のうろに入れたスポンジなどを引き出す
	水あめ棒	+	+	+	+		樹脂や水をかき混ぜて取り出す
	蝿追い団扇	-	++	+	-	ブドンゴ・東	体の回りにまといつく蝿や蜂を追う
	穴あけ	-	++	+	-		棒をてこにして穴の入り口を作る
	地上アリ浸し	++	++	++	-		地上巣からグンタイアリ採取
	樹上アリ浸し	+	-	-	++		樹上巣からオオアリなど採取
	シロアリ釣り	-	-	++	+	カンポ他・西中央	塚内のオオキノコシロアリを採取
	水藻掬い	++	-	-	-		水中のアオミドロを掬う
	房付き棒	-	-	-	-	カンポ他・西中央	シロアリ釣り
太棒	ミサイル放り投げ	++	++	++	++		威嚇と誇示
	遠隔枝引き寄せ	±	-	-	-		手の届かない枝を棒で引き寄せる
	塚掘り	-	-	-	-	カンポ他・西中央	オオキノコシロアリ採取
	塚刺し	-	-	-	-	ンドキ・西中央	オオキノコシロアリ採取
	杵突き	++	-	-	-		アブラヤシの樹頂を叩く
石	叩きつけ	+	+	+	+		固い食物を．幹や大枝に叩きつける
	放り投げ	+	-	-	+		威嚇と誇示のため石や棒を投げる
	堅果割り	++	++(木片)	-	-	広域・西北	台石と叩き石使用
	あてがい石	±	-	-	-		堅果割りの台石の下にあてがう
計	33	23	18	19	17		
		5	1	0	0		

表 4-3　野生チンパンジーの複合道具使用一覧

行動型	道具の種類	亜種と地域 西北 ボッソウ	西北 タイ	東 ゴンベ	東 マハレ	西中央 西中央部
アリの巣掘り＋アリ釣り	掘り棒＋浸し竿	○	×	×	×	
塚突き刺し＋シロアリ釣り	突き刺し棒＋釣竿	×	×	×	×	○ンドキ、ヌアバレ
塚掘り＋シロアリ釣り	掘り棒＋房付き棒	×	×	×	×	○カンポ、ヌアバレ他
水飲み	葉スポンジ＋引き出し棒	○	×	×	×	
ヤシ汁採集	杵突き＋繊維スポンジ	○	×	×	×	
堅果割り	叩き石＋台石	○	○	×	×	
ナッツ取り楊枝	叩き石＋台石＋楊枝	×	○	×	×	
あてがい（支え）	叩き石＋台石＋あてがい石	○	×	×	×	
計		5	2	0	0	

困難だが、しかし、村人の行動とは別に、独自に始めた可能性が強い。なぜなら上記の堅果割りは、人間とはまったく接触のない奥地のチンパンジーでも、西アフリカの個体群に広く見られるからだ。

三〇年間以上にわたってボッソウのチンパンジーの研究を続けてきたが、集団の中のことは分かっても集団から消えた個体の情報がほとんど得られていない。これはどこの調査地でも大差ないようだ。前にも記したように、社会集団の内部構造については次第に明らかになってきているが、繁殖集団については霧の中にある。あとはボッソウの研究を引き継いでくれた若い研究者たちの奮闘に待たなければならない。

7＊工具を操るチンパンジー？

カメルーン・カンポの森での調査

ボッソウ調査の合間を縫って、河合雅雄さんが始めた西アフリカ中央部・カメルーンでのドリルとマンドリルを中心とする調査計画に協力し、先発隊を引き受けることになった。ギニアへの往復を利用して、私はそれまでにもカメルーンに予備調査を敢行し、ある程度の土地勘は持っていた。一九七九年八月から一〇月にかけて森梅代さん、星野次郎さんとともに各地で予備調査をした後、カメルーン西南端のカンポに狙いを定めてマンドリル（Mandrillus sphinx）を主な調査対象とすることにした（地理的位置は図4－1）。

深い熱帯多雨林の中で見たマンドリルの雄の印象は鮮烈だった。一〇〇頭以上の群れのしんがりを進んだ雄は、写真で見たとおり、眉間から鼻頭を経て口にかけて真っ赤な太い筋が通り、両頬は黒い細筋の入った鮮やかな青色。それが暗褐色の体毛に覆われていた。薄暗い森の中では、それが鮮明で見事なコントラストを示していた（杉山 一九八〇）。

残念ながら、その後ボッソウの調査に向かわなければならなかったので、森さんと星野さんを残してカンポを後にした。カメルーンにおける野外研究はその後多方面の研究者によって、ドリル（Mandrillus leucophaeus）とマンドリルばかりでなくグエノン類（Cercopithecus spp.）の調査や森林生態学、さらに原住民の狩猟活動にまで広範に展開された（河合 一九九〇）。

ただ、調査員の誰もいない空白期間に、せっかく観察に慣れてきたサルたちは狩猟によってふたたび臆病になり、長期にわたる接近調査が困難になった。「保護林」ではあったが森は住民から保護されているだけで、免許を持った有力者の狩猟は認められていた。カメルーンは狩猟を欧米人からの外貨稼ぎの目玉にしていたのである。当時、政府機関の宣伝パンフレットにも堂々とそのことが書かれていたので避けようがない。状況は今でも変わっていないらしい（安田 二〇〇八）。このため、カンポを基地にした多雨林調査はやがて打ち切られることになった。

私が再度カンポを訪れたのは、一九八四年の乾季、一二月から翌年の一月にかけてだった。カンポはカメルーンの文字通り西南端に位置する国境の町で、前回はこの町の外れに住み着く計画でいたが、臆病なマンドリルは人間との接触を避けて森の奥深くを遊動し、畑近くの森には稀にしか姿を見せなかった。このため星野さんは、カンポから国境に沿って東に二〇キロメートルほど進んだムビニと呼ばれる無人の森の中に調査基地を設定していた。調査区域の中は星野さんらによって縦横に観察路が伐られていた。多雨林の林床にはトゲトゲの枝や大木に絡みつく蔓植物が少なく、ほとんど平坦な森は、ときどき川を渡渉しなければならないことを除いては自由自在に歩くことができた（写真4－7）。

写真 4-7　カメルーン・カンポの森
うっそうとした多雨林で下草は少なく、どこでも自由に歩くことができた。

工具でつくった？房付き掘り棒

他の研究員とのテーマの重複を避けて、私はチンパンジーを主対象にすることとした。他のサル以上にチンパンジーは臆病で、長時間にわたって観察することは困難だった。このため、私は痕跡調査に主眼を置くことにした。

観察路を巡り歩きながら、私はチンパンジーがしばしば地上で何かをしているところを見つけた。私を見つけてチンパンジーが立ち去ったあとに行ってみると、高さは四、五〇センチメートルしかないが直径五メートルにも及ぶだらだらっとした小山群があった。それはオオキノコシロアリ（Macrotermes mulleri）の塚状の巣である。その硬く締まった表面に長さ四〇から五〇センチメートル、

写真 4-8　オオキノコシロアリの塚の上に放置された掘り棒。上は左、下は右が房状になっていた。

直径一センチメートルほどの棒が何本も落ちていた（写真4－8）。塚の表面には太い棒で掘り崩したような直径一〇センチメートルほどの穴があった。時には穴に突き立てたままの棒もあった。

棒の先端はひしゃげていて、明らかに棒をシャベルのように使って掘り崩したことが読み取れた（写真4－9）。問題は棒の反対側である。房状に先端の繊維がばらばらにほぐれていたのである（写真4－10）。

その後、シロアリ塚の上に放置されていたり突き刺したままになっていた一〇〇本以上の棒を点検したところ、先端は荒っぽい房もあったが、中にはまるでお茶会で使う茶筅《ちゃせん》のようにきれいな房になっているものもあった。ひしゃげた先端でシロアリ塚の表面を突き崩し、房のほうでシロアリを這い上がらせて採集したのだろ

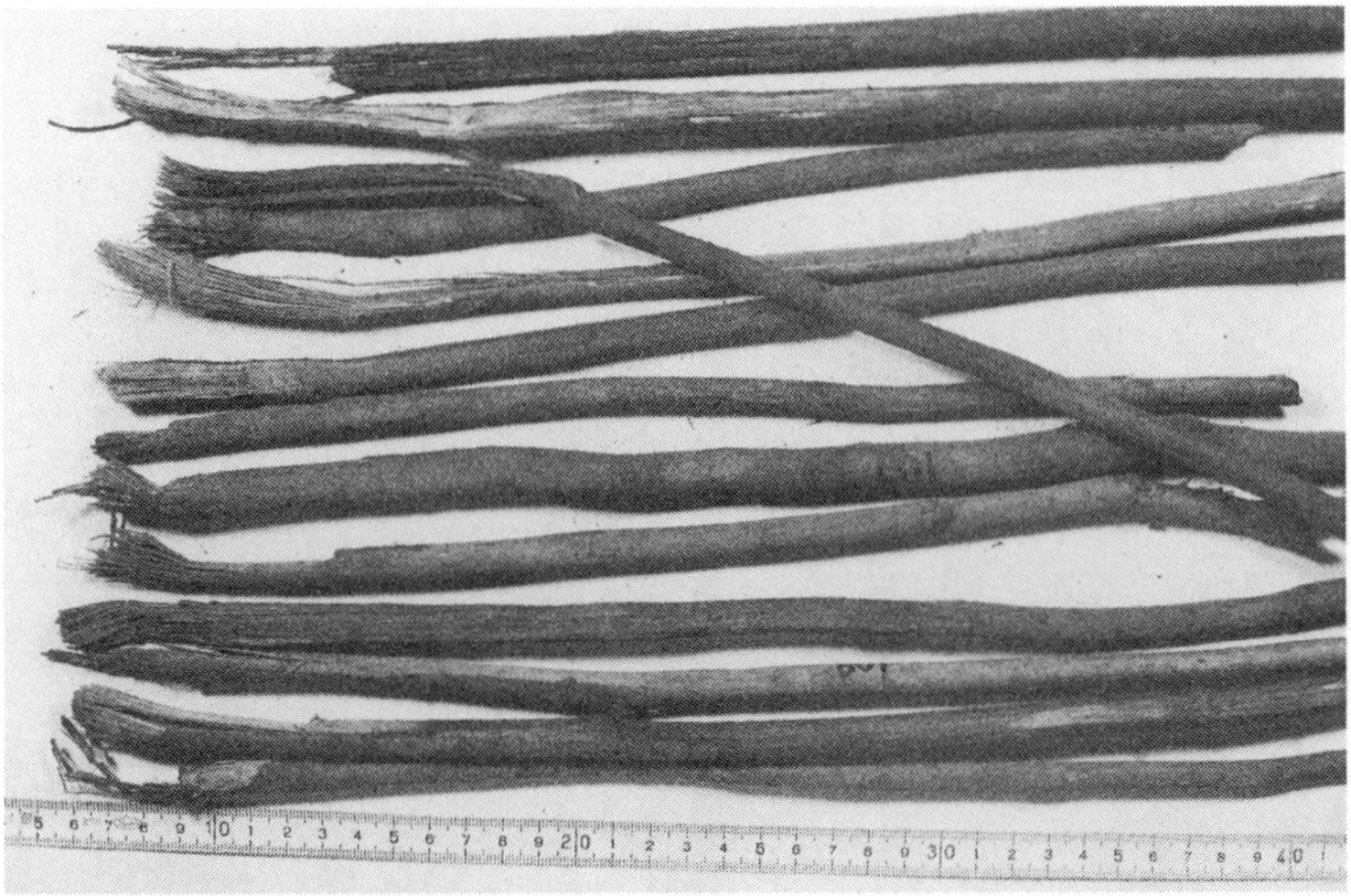
写真 4-9　掘り棒のシャベル側

う。ただ、どの観察でも私が発見したとたんにチンパンジーが立ち去ってしまったので、その場で棒を使って何か作業をしていたことまでは確かでも、具体的な行動は確認できずじまいだった。

どうすればこんな見事な房ができるのだろう。細木を高さ一メートルほどで折り取って見ると、繊維が荒っぽくばらばらになることもあるが、とても茶筅のような繊細な房はできない。歯で噛んでみたが、私の丈夫な歯でもとても歯が立たない。最後に手頃な石を持ってきて、もう一つの石か倒木の上でしごきながら叩いてみたところ、やっと、かなり繊維が細かくほぐれて房らしくなった。どうやら房をつくるためにもう一つの道具を使ったらしい。もしそうなら、チンパンジーは道具をつくるためにもう一つの道具、すなわち工具を使ったことになる。チンパ

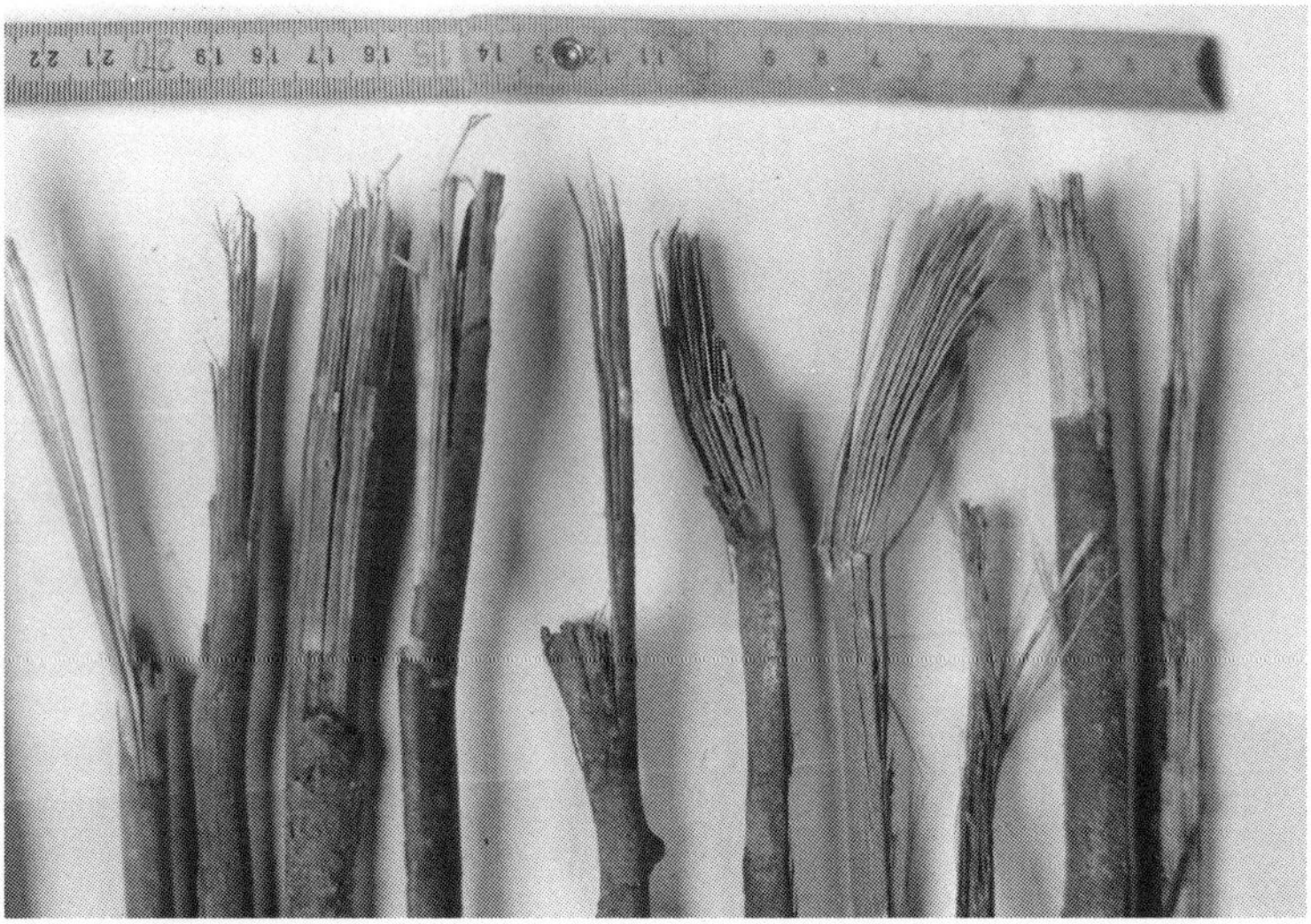

写真 4-10　掘り棒の房側

ンジーの工具使用はこれまでに報告がない。私は早速論文にまとめて発表した（Sugiyama 1985）。

自然にできるという説も

ところが私の後にカンポで調査をした室山泰之さんが、いや、あの房は細木を折り取っただけでできると主張した（Muroyama 1991）。室山さんもチンパンジーの作業そのものは見ていない。荒っぽい房なら折り取るだけでできることがあるのを私も知っている。問題は細く繊維のほぐれた見事な房だ。

そのうちに竹元博幸さんが霊長研の近くの森で木の枝を折り取りながら奇妙なことに気がついた。木の種類によって繊維が硬くしぶといものと、枝がポッキンと折れて繊維が簡単に折れてしまうものがある。彼はカンポに出向いて実際に試してみた。

やはりそうだった。しぶといタイプは折り取っただけで荒っぽいながらも房ができる。ポッキンと簡単に折れてしまうタイプの木もある。しかし、すでに採集してあった数十本の掘り棒のサンプルを仔細に観察してみたが、どちらに属するのか判定することはできなかった（Takemoto et al. 2003）。もし全部がしぶといタイプなら、とりあえずは最初の段階の房ができる。問題はそのあとの繊細な房がどうしてできたかだ。

その後、コンゴ民主共和国のンドキの森で調査した鈴木滋さんらはシロアリ塚の表面を棒で突き刺した痕跡を発見した。さらに、中のシロアリを釣ったらしい細い棒も発見した。太い棒で穴を開け、細い棒を差し込んでシロアリに食いつかせ、そっと引き上げて食べたらしい（Suzuki et al. 1993）。鈴木さんたちもチンパンジーの作業現場を見ていない。一年中、糞の中にシロアリの残骸が見られるので乾季でもやっているらしいという。しかし、コチコチに固まったシロアリの塚に棒を刺すなんてできるわけがないと、私は少々疑問を持った。

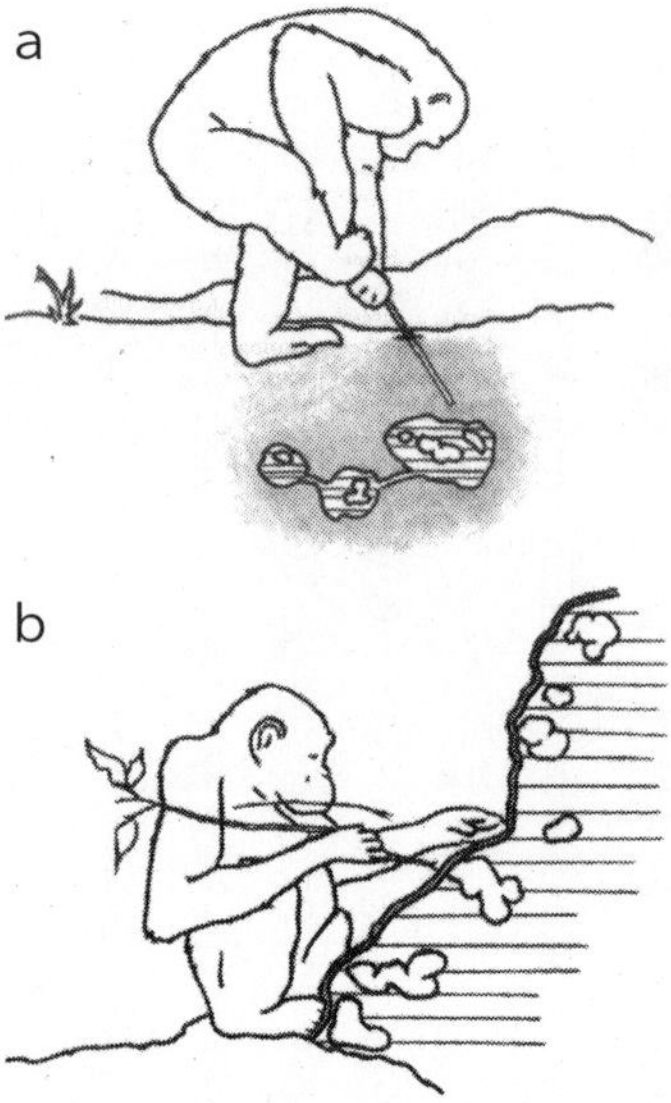

図 4-5　コンゴ共和国ヌアバレ＝ンドキ国立公園のチンパンジーのシロアリ採集
スコップで地面に穴を開けるような方法で硬い棒を突き刺す雄の“穴掘り”（a）と、塚に棒を突き刺す雌の“突き刺し”（b）。穴掘りは人間の力ではとてもできない。雌は首尾よく棒が突き刺さった後、シロアリを釣り上げるための細い竿をあらかじめ口にくわえている。シロアリの巣の中は外からは見えない想像図。シロアリ塚の中の空洞はシロアリが栽培しているキノコの畑。サンズさんらの了解を得て Sanz et al. 2004 より転載。

8＊房づくりの真相

ビデオで記録された掘り棒製作

実は私が最新の情報について不勉強だったのだが、前著『文化の誕生』（杉山二〇〇八）を発行する少し前に新しい情報が公表されていた。コンゴ民主共和国ヌアバレ・ンドキ国立公園のグアルゴ・トライアングルという森で調査を進めていたクリケット・サンズさん、デイブ・モルガンさんとスティーブ・グリックさんが、掘り棒使用の詳細をビデオに映していたのだ。

この森には Macrotermes《マクロテルメス》 mulleri《ムレリ》、M. nobilis《ノビリス》 と M. lilljeborgi《リリエボルギ》 という三種のオオキノコシロアリが生息しており、これらの

写真 4-11　コンゴ共和国ヌアバレ＝ンドキ国立公園のチンパンジーのシロアリ採集の穴掘り
図 4-5 に対応。ビデオ映像から切り取った写真なのであまり鮮明ではないが、右を向いた雄のチンパンジーが左足で棒を支え、体重をかけて両手で突き刺そうとしているのが分かる（サンズさんらの了解を得て Sanz et al. 2004 より転載）。

塚を掘るのに硬い棒を突き刺して穴を開け、もう一つの少し細い棒を差し込んで中のシロアリに咬み付かせ、棒を引き上げてシロアリを食べる。だから、いつも二本の棒をあらかじめ用意してシロアリの塚に来る。

　太く頑丈な棒を力任せに塚に突き刺す。尋常な力では硬く締まった塚には刺さらない。人間より可動性のある足の第一指と第二指で棒を挟んで真上から強力に差し込む。スコップを地面に突き刺す要領である。若い女性のサンズさんはもとより、力の強い男のグリックさんでも、人間ではとても刺さらないそうだ（Sanz & Morgan 2007; Sanz et al. 2004、図４－５ａ、写真４－11）。したがって、チンパンジーでも大きな雄だけがする。

　どうやらビデオを見ると、ズブズブと

入ったときに棒はキノコ栽培の空洞に達したらしい。キノコの空洞までは一〇から三〇センチメートルある。うまく空洞の上でなくズブズブまで達しないと、ただちに少し離れたところで、また棒を突き刺す。空洞にまで棒が入ると、チンパンジーは棒を引き抜いて匂いを嗅ぐ。多分キノコのかび臭さを確認しているのだろう。そこで初めてチンパンジーは二本目の細い釣り竿を差し込む。カンポにもあった、だらだらとした小山群の塚でこれをする。独立峰のような背の高い塚ではもっと簡単に差し込めるので雌でもするようだ（図4―5b）。前者を穿孔《せんこう》または穴掘り（perforate）、後者を突き刺し（puncture）と呼んでいるという。

ところで肝心の房だ。細いほうの棒を歯でしごくようにして何度も噛む。すると棒の先端は繊維がほぐれて細かく分かれ、見事な房ができる。ボッソウのチンパンジーがアリ釣り竿の製作をするときのように、枝を折り取ったら側葉をしごき取って後、躊躇なく歯で噛み始め、下唇でしごく。見るからに慣れた作業だ。

房なしの棒を差し込んだときには一回に〇・三頭、房付き棒では四・九頭のシロアリが食いついてきたという。房はシロアリをたくさん食いつかせるための加工であり、明らかに効率的なシロアリ釣りのための道具製作だった。しかも、房つくりは群れの誰でも知っているステレオタイプの行動だった。作業開始前に頑丈な掘り棒を用意しておくことともに、もはやこの地方のチンパンジーの文化として定着しているようだ。

工具は使わなかった！

私がカメルーンのカンポで見た痕跡の多くは〝穴掘りタイプ〟だったようだ。カンポには背の高い独立峰状の塚はないので、突き刺しはなかったのだろう。カンポでは穴掘り棒より少し細い釣り竿はほとんど見つからなかった。たいてい穴掘り棒の反対側に房が付いていたのである。穴の直径は棒と同じはずだ。しかしカンポでは穴の入り口は直径一〇センチメートルほどにすり鉢状に広げられていた。シロアリ採集の方法は少し違うようだ。しかし、どんな方法なのか、その詳細はまだ分かっていない。

そして謎だった棒の先端の房は、細木を折り取ったときに自然にできた副産物では決してなく、明らかに意図的につくった道具だった。しかし、私としては少し残念だが、道具を使ってもう一つの道具をつくる「工具」は使っていなかったことになる。

ところで、サンズさんたちはこれまで臆病でろくに直接観察などできなかった西中央部のチンパンジーの行動をどうやってビデオでの撮影に成功したのだろうか。私たちと同じように、まず人付け（餌を与えることなく慣れさせること）から始めたのだろうか。

実はそうではなかった。組み込まれたセンサーにより、カメラの前で動くものに反応して自動的にスイッチが入るビデオカメラを二二台も持ち込んで、チンパンジーが訪れそうな場所に片っ端から設置したのだ。チンパンジーが訪れそうな場所を探すのには、もちろんそれなりの基礎調査は必要だったはずだ。今では直接観察ができるぐらいにチンパンジーは少しずつ慣れてきているという。脱帽の他はない。

カンポの掘り棒も同じように使っているのか、それとも少し違った方法なのか、いずれは確かめなければならないだろう。

第５章

大学教育への参加

1*いかに調査へのお返しをするか

途上国研究者への支援

日本国内のニホンザルを除けば大部分の野生霊長類は熱帯地方、別の言い方をすれば発展途上国に生息している。そして私たち霊長類研究者の多くが彼らの生息地に直接出向いて研究を進めている。最近では行動、生態、化石等の研究者ばかりでなく、従来は実験室に閉じこもっていたさまざまな分野の研究者が海外調査に参加して、輝かしい成果を挙げる時代になった。

先進国同士では国家機密や企業秘密に関わることでない限り、資料の持ち主が嫌がらなければどこに行って何を調べようが基本的には自由である。しかし発展途上国との間ではそんな簡単な話ではすまない。「あなたたちも自由に日本の国に来て日本の動物を調べてくれてかまいませんよ」と言ったって、来てくれるはずがない。経済発展に何の寄与もしない野生動物の研究などの非実学を志向する研究者も学生も、まだまだ少ないからだ。最近発展が著しい東および東南アジアではぼちぼちそうした非実学の場にも若手が登場してきたが、それでも何がしかのバックアップが必須のようだ。アフリカでは調査許可の取得料ばかりでなく、さまざまな形での直接的見返りを要求されることが多い。

そこで各調査隊はどうやって調査実施国にお返しをするかにいつも頭を悩ませてきた。当然、先方からは具体的な要求が出てくることも多い。数万円程度なら安ホテルに泊まって日当滞在費を節約すれば何とかなる。しかし、それを大幅に上回るようになると別財源を探してこなければならなくなる。文部科学省の科学研究費は純粋に研究のための経費は認められるが、絶対に必要であるにもかかわらず現地貢献のための費用は決して認められないからだ。

先方の要求が関係分野の進展や後継者の養成に寄与するようなものなら、誰もが頑張ってお金をひねり出そうと努力する。現地で研究指導したり、留学生として日本に招いて学位を取得するまで本格的な教育を施したり、自立して本国に帰っても研究を続けている若手研究者を国際シンポジウムに招いたりして、精一杯後押しを続けている。しかし、経済的援助が対応者の個人的な懐を肥やすことが見え見えの場合は気が滅入ってしまう。そうとは分かっていても、自分たちの調査を順調に進めることにつながるなら札びらを切ってしまう人がいないでもないようだ。

現地の教育への貢献

前章で記してきたように、私はこれまで三〇余年に及んで延々と西アフリカのギニアで野生チンパンジーの調査をしてきた。そしてギニアの大学で二〇〇六年より教鞭を執ることになった。その具体的な実現過程、実施上のノウ・ハウ、意義と効果などを以下に記そうと思う。

なお、この章は日本霊長類学会の機関誌『霊長類研究』に掲載した記事（杉山 二〇〇八）、日本アフリカ学会の機関誌『アフリカ研究』に掲載した記事（杉山 二〇〇七）の各一部を合体させたうえ、補筆したものである。

2＊ギニアの大学の現状

旧式発表が効果的

ギニアの大学制度は基本的にフランス方式である。フランスでは三年で学士、次の二年で修士を取得するそうだが、ギニアは五年一貫制である。最後の一年はメモアールと称する卒業研究に専念する。したがって、四年生はどのようなテーマを選ぶかにかなりのエネルギーを使う。先輩の論文を読んだり教員の指導を得たりして「研究」し、論文を書き上げるので、論文の体裁は心得ている。私の関連した分野で言えば、政府の農水産統計を利用した机上研究や、森林保護区の基礎的な動植物相の記載、生息数推定などの実地調査であった。たかが卒論だが、最新の文献はもちろん古い文献さえろくに手に入らない環境の中では、いずれもまずまずのでき栄えと言って差し支えないだろうと思う。

スライドも使えない現状では、私の修士論文発表の頃のように、大きな模造紙に必要事項を書

写真 5-1　卒論発表風景（ファラナ大学、2007 年 11 月）

必要最低限の情報を大きな模造紙に書いて正面に張り出す発表風景は、最近の日本では見られなくなったが、スライドがめまぐるしく入れ替わる方法よりずっと効果的だ。

いて正面に貼り、これを示しながら話を進めるのが大方の発表形式である。演者は必要な図表のみを簡潔に書かなければならないが、聴衆はすべての図表を同時に見られるので大変理解しやすい（写真5－1）。

ちなみに、最近の日本の学会や研究会の発表では、僅か一〇分間の発表に二〇枚ものスライドを次々に換えてゆくのが当たり前のようになっている。演者は盛り沢山の内容を発表して満足かもしれないが、聴衆は消化不良のままスライドが換えられてしまって理解度は低下する。ギニアもいずれは同じようになるのだろうが、重要な図表だけを簡潔に示して同時に見せる方法の長所は失わせないでほしいと思う。

学年度は大学によってばらばらである。一〇月に始まる大学もあれば四月開始の大学もあるようだ。全国一斉に進行する就職活動季節などはないらしい。そもそも経済的基盤が確立していないので、企業などへの就職口はきわめて少ない。学卒の肉体労働者も少なくない。

授業風景点描

暑い国のこととて、朝は八時に授業が始まる。理系は学生が多く、たいてい二〇〇人収容の大教室が満員になる。その大教室でマイクなしの講義が行われる。しかも、どの教員もひび割れして薄汚れた黒板に細かい字でびっしりと板書するので、これをしっかり書き写すには前方に座る必要がある。そのために朝早く来て前のほうの座席を確保しなければならない。それでも七人がけの長椅子に一〇人で座り、後方に立ち見も出るというすし詰め状態が多い。期末試験に落ちたら再試験を受ける。それも落ちたら進級できない。だから学生は必死である。

授業は原則二時間単位で一日三コマある。つまり、毎日六時間びっしり授業を受ける。日本のように五〇分間の授業を一時間と詐称するようなことはない。そして役所や会社が休みの土曜日も午前中は授業がある。だから知識は豊富だ。あとは物事を関連づけて考え、論理的思考を養うことだろう。

いずれの家庭も大家族なので、庶民はもちろんかなり裕福な家庭でも自宅で勉強する空間はほとんどない。一方、放課後の空いた教室に数人で集まって黒板を使って議論をしている光景を眼にする。もっとも、ここまで熱心な学生はごく一部かもしれない。

授業中は誰もが熱心にノートを取り、私語はほとんどない。居眠りもほとんどない。携帯電話の呼び出し音がなることはたまにあるが、こちらからピコピコ操作している気配はまったくない。ただし授業中の教室の出入りはかなりある。前の授業が長引いたり、よんどころない用事で遅れたりしたのだろう。でも、物音を立てないように静かに歩けばよいものを、男も女も闊歩している。つまり現今の日本の大学の授業風景とは天地の差とは言えないまでも、一階と二階の差ぐらいはありそうだ。

3＊大学とその設備

設備は質素で便所は?

フランスを初めとする西欧諸国から援助を引き出して経済的文化的繁栄をものにしたセネガル、コートジボアール、ガボンなどとは正反対の、貧しくとも非服従の正道をギニアは歩んできた(Niane and Kake 1984)。困窮の中でギニア政府は高等教育に力を注ぎ、次々に大学を設置した。ギニアは民族的基盤に基づいて七州に分かれているが、現在では西部辺境のボケを除いて各州に

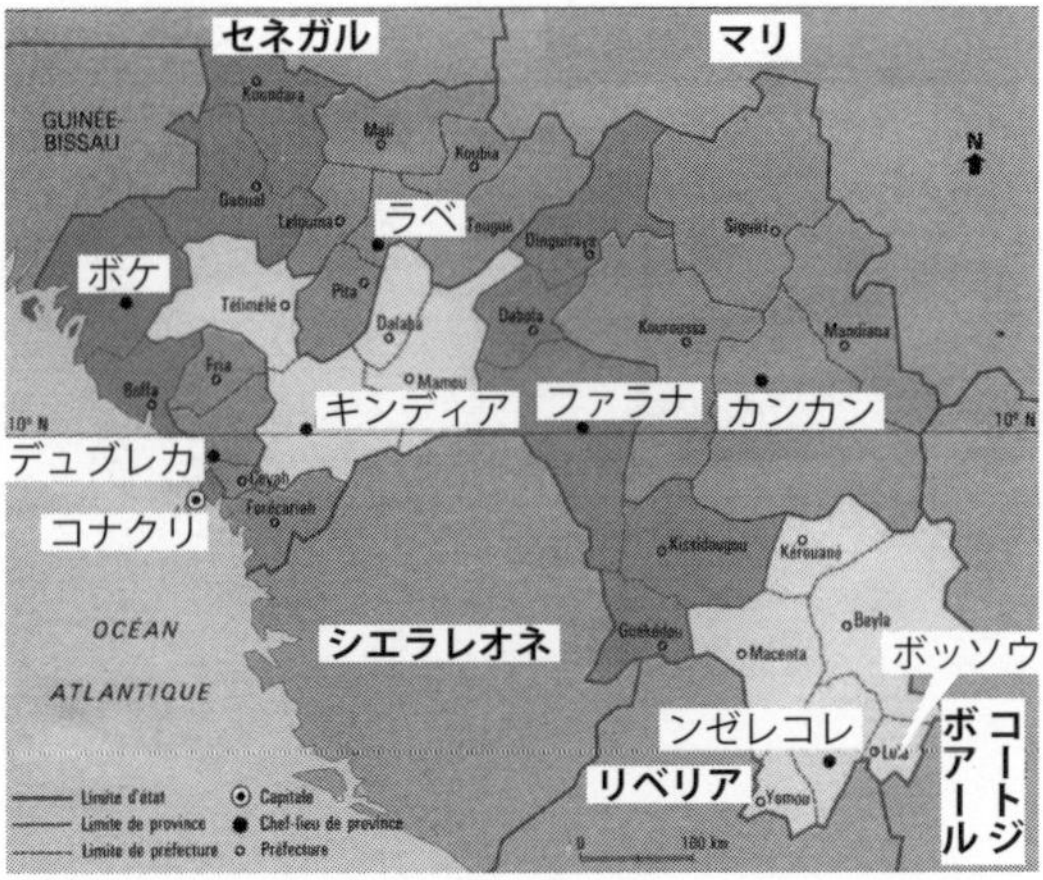

図 5-1　7 つの州に大別されるギニア
太字は国名。その他は各州の名。なお最近はファラナとキンディアの間のマムウが州として独立し、デュブレカがキンディア州に組み込まれたらしい。

一つずつ国立大学がある（図５－１）。最も新しいのは二〇〇二年に設立された南東辺境州のンゼレコレ大学である（最近、ボケにも大学ができたと聞いた）。最近では首都のコナクリに私立大学も設立され始めているが、いずれも経済やコンピューター関連の実用分野に特化した単科大学である。

国立大学は高等教育科学研究省の管轄下にある。最も歴史の古いコナクリ大学は独立前の設立で、初期にこそフランス人が学長を務めていたが現在はいずれもギニア人がトップの座を占めている。教員の中には非黒人もいるが、いずれもギニア国籍を持つレバノン系の人たちである。高級役人と同じく、教授の多くは社会主義国だった時代に一〇年にも及んでソ連でみっちりと教育を受けたエリートたちである。

以下に国立大学の概観を示すが、後述のよう

写真 5-2　首都のコナクリ大学本館正面の外観（2006 年 12 月）
広い敷地に悠然と立つ建物はソ連か中国からの贈り物だとのことだった。

に、主として私が授業を担当した三大学で収集した情報による。

　コナクリ大学の外観は立派だが、ソ連か中国の寄贈とのことであった（写真5－2）。ギニア第二の都市のカンカン大学も建物は立派とのことだが、私はまだ見ていない。他の大学はキャンパスこそ広大だがいずれも建物は粗末である。私が訪れたことのあるウガンダのマケレレ大学、ガーナのアクラ大学、カメルーンのヤウンデ大学などとは比べようもない質素さだ。ドアが破れ窓ガラスが壊れても補修する予算が乏しい。このため乾季の教室内は埃だらけ、一方雨季は高い湿度に悩まされる。しかし学長室はどこも清潔で、空調による快適な室内環境が保たれている。この上質環境をコンピューター室にこそ置いてやりたいと思った。

　どの大学にも便所がなく、私は授業後に大変悩まされた。職員に尋ねると必ず学長室につれて行かれた。学長室の奥には必ず別室が付いていて洗面設備と便所が設置されている。キャンパスの隅で用を足している学生をたまに見かけたが、学生数から考えればほとんどの学生は大学内では排泄をしていないと考えざるを得ない。いまだに解けない謎の一つである。

事務室も研究室もない現状

寄宿舎は多くの大学にある。設備は貧弱ですし詰めではあるが、学生にとっては貴重な施設である。しかし全学生を収容するには不十分で、地方からやってきた学生の多くは親類の家に同居したり下宿生活をしたりしている。どの国でもそうだがとくにアフリカでは血族の連帯が強固で、都市に住む親類を頼って出てくる者は多数に及ぶようである。もちろんこの現象は地方から都会に出てくる学生ばかりでなく、フランスへの留学や出稼ぎ人についても同様だろう。

図書館は大学施設の最重要項目の一つである。しかし予算が乏しいため、蔵書は少なく新しい文献はほとんどない。図書館というより図書室のレベルだ。したがって学生が課外に勉強し、文献渉猟により知識を広げる機会は極限されている。これはギニアの大学における最大の問題の一つである。しかしコンピューターの普及は急速で、インターネットによる情報収集は進んでいる。

学部長・学科長も小さいながら個室を持ち空調付きの場合もあるが、一般教員に個別の研究室はない。日本で言えば非常勤講師室のような溜まり場でくつろぐのが精一杯である。したがって大学内に教員が勉強したり資料を広げたり、それらを整理する場所はないと言ってよい。もっとも学部長室・学科長室を見回しても蔵書はほとんど見当たらなかった。総じて教員が研究する機会はもちろん空間もないのが現状のようである。そして残念ながら教員側の研究への理解は決して高くなく、昇進のために学位は欲しいが研究への意欲も高くない。

どの大学も事務室がない。したがって事務職員もほとんどいない。学長・副学長と学部長には秘書がいるが、たいした量の書類があるわけではない。学生たちに関する記録書類はどこにあるのか。卒業生に関する書類などはたぶん保管していないのだろう。予算書や決算書の類も保管してあるとは思えない。すべては学長の胸三寸で決められているように思われる。

4＊教育参加のきっかけと準備

フランス語に挑むが……

どの調査隊でもそうだと思うが、研究の目的や方法、成果などの報告が現地関係官庁から求められる。そして、毎年または数年に一回は口頭での発表も求められる。あまり流暢とはいえない外国語でも、国際学会での経験もあるから自分たちの研究ぐらいは何とか話せる。しかし非実学としての霊長類学の意義と成果をいくら滔々としゃべっても、先方に十分理解してもらえたとは思えないのが実情だ。いや、理解はしてもそれ以上の関心には至らない。おまけにせっかくスライドを持参しても、電圧不足で暗い写真になってしまったり、全体が黒っぽくて字もまともに読めなかったりする。そしてしばしば停電。なんともしまりのない講演になってしまうのが常だった。そんなもどかしさを私は長い間感じていた。たぶん聴衆も同じ思いだっただろう。

そんな状況の中で、何度か先方から「研究もいいが学生の教育もしてほしい」という提案を受けた。「うん、それも大事だ」とは思ったものの、自分たちの研究に忙しく、とても教育までは手が回らないというのが本音だった。たまたま日本に招聘した対応先であるギニア高等教育科学研究省の高官から何度目かの教育参加への提案を受けたとき、私は定年直前だった。これからはかなり自由な時間が持てる。先方の期待するいつの時期でも行けるとともに教材準備の余裕もできるだろう。三〇秒の思案の後に、「よし、やりましょう」と即決してしまった。

それからいろいろ聞いて分かったこと。学生はまったく英語を知らない。大学教育も官庁用語もすべてフランス語一本である。これは予想していたことだが、英語でしゃべってもまったく分からないとまでは考えていなかった。ギニアの大学では生物学でも一通りは教育がなされている、そしてギニア側から金は出ない、等々だった。

学生時代にアン・ドゥ・トアの勉強さえしてこなかった私は、ギニアでの調査を決めてからラジオのフランス語講座で泥縄勉強をしたが、とても使える代物ではない。いざ調査の村まで入ってしまうとわずかなボキャブラリーで事足りてしまうため、それ以上の上達はしなかったのだ。いくらアフリカとはいえ、フランス語での講義を引き受けるなんてあまりにも無謀だ。そこで私は会う人ごとに「フランス語で講義をするんだ」と触れて回った。あとに引けない状況に自分を追い込むためだ。「引き受ける」と即決してから半年強、頑張ってラジオとテレビで勉強したが、とてもフランス語が上達したと言える状態にはならなかった。あとは度胸しかない。

テキストづくりに腐心

次はテキストづくりだ。私はその年の三月までFランクと呼ばれる大学で教鞭を執っていたので、レベルのあまり高くない学生に自分の専門分野を生かしながらもいかに易しく、しかも各自の人生を考える素材として利用してもらえるかに腐心して講義をしてきた。それまでの研究生活とはかけ離れた作業のため決して成功したとは言えないが、まあまあ努力のかいはあったと自負している（杉山 二〇〇五）。

大学で担当していたいくつかの講義から役に立ちそうな部分を抜き出し、さらに本命である私たちのギニアでのチンパンジー研究へと絞り込んで一巻を完成させ、全六章と付属二章よりなるシラバスのもとにテキストを英語で作成した。既成の教科書から大部分を引き写すことはしなかった。もしフランスに行った学生がその教科書を見つけて、同じだったと知られたら恥だし、多少説明を膨らませれば、そのまま印刷公表してもユニークな教科書として世界で通用するもの

表 5-1　講義内容の目次

生態学と動物の行動（全 20 時間相当）	
序　章	ギニアへの関わりを主とした自己紹介と講義の目的と内容の説明
第 1 章	生態系の構造と機能：光合成から始まり森林内での水と栄養分の循環。森林保全の重要さと生態系を破壊し、種の絶滅を導く人間行為の諸相
第 2 章	繁殖の機構と個体群変動：移り変わる環境に適応してより多く子孫を残そうとする生物と資源をめぐる競争の機構。個体数を制御する要因と増殖を促す要因と持続的利用の方法
第 3 章	動物の社会構造：雄と雌の生存戦略の違いがもたらす各種の社会。特にアフリカの鳥類や大型哺乳類を中心にした社会生態学
第 4 章	霊長類の行動と社会：原猿から類人猿まで、行動に見られる他の動物と霊長類の共有原理と差異。人間社会との関連
第 5 章	ボッソウのチンパンジー：私たちの研究成果の紹介と広報宣伝
第 6 章	知能の進化：霊長類の中から人類がどう突出してきたか、人間をより深く知るための霊長類学の紹介。他個体とコミュニケーションをとることの重要さを強調
付章 1	エソロジー：人の行動選択の機構と異なる昆虫や鳥類の行動メカニズム
付章 2	何をすることが自然科学の研究になるか
	（付章は時間調整に使用）

にしたかったのだ。

私の研究は霊長類の行動・生態学だが、霊長類の話だけをしていても学生には身近な問題として捉えられない。そこで「生態学と動物の行動」というテーマにして、自然界の生物現象全般に話を広げることにした。もちろん後半には霊長類をしっかりと組み込んだ。前半には生態系と地球温暖化、自然環境保全の重要性と有用性、森林と水資源確保の関係、人口と食物資源の需給関係、食物連鎖と感染症の蔓延、脳の進化とコミュニケーション等、学生たちも興味を持ちそうな、そして卒業後もある程度役立ちそうな問題を織り込んだ（表5－1）。

次に図表類。いい加減な話にしたく

ないので、人類学や生態学、基礎生物学などの教科書を片っ端から読み漁り、使えそうな図や表をコピーした。自分の所蔵書はもとより京大霊長研の図書も精一杯活用した。やはり絵や写真やグラフで示すのが最も効果的だと判断したからだ。それなしに話術だけで理解させる自信はない。

これらをすべて、あらかじめ用意しておいた英語のテキストとともにパワーポイントに収めてコンピューターに取り込んだ。これで一応はテキストの完成である。びっしり書き込んだスライドは二〇〇枚近くに達した。直前まで勤務していた大学での講義資料があっても、シラバスづくりからテキストの完成にまで至るのに半年の月日を費やした。一枚一枚のスライドを丁寧に説明していたら一五時間から二〇時間程度、日本でなら二単位半には十分なるだろう。

5＊いざ、授業開始

招聘状なしで出発

いつそっちに行ったらよいのか、各何時間をどことどこの大学で講義したらよいのか、私としてはこんな内容を考えているのだがそちらからの要望はないか。そんな問い合わせに付け加えて、ビザの取得やら空港での通関に役立つから招聘状を送ってほしい――そんな連絡を直接対応している科学技術研究局長に繰り返し発信したが、なしのつぶて。ギニアで調査を始めたときからそうだったので驚きもしないが、今度は向こうが頼んできたことだ。もうちょっと迅速に反応してくれてもよさそうなものをと、いら立った。しかし、ギニアの役所はすべてがこの調子なので、いら立つほうが間違いだったかもしれない

結局、四月から連絡をとり始めたのに日程がほぼ固まったのは九月に入ってからだった。それもこちらから「一一月一二日から一二月二六日までギニアに滞在するから、あとはそちらで適当に細部のスケジュールを組んでくれ」と宣言したものだった。もう航空券を手配しなければならない時期に来ていたのだ。招聘状はついに来なかった。金が出ないのはやむを得ないにしても、せめて招聘状の一枚ぐらい送ってくれてもよさそうなものをというのが私の正直な気持ちだった。たかが紙切れ一枚じゃないか。そして航空券から滞在費まですべて日本側の研究費から支出した。

ギニアの首都であるコナクリに着き、科学技術研究局を訪れて初めて分かったこと。水森林環境学部のあるファラナ大学（l'Institut Supérieur des Sciences Agronomique et Vétérinaire）、環境学部があり、かつ私の調査地のボッソウに一番近いンゼレコレ大学（Centre Universitaire de N'Zerekore）、そして理学部生物学科のある首都のコナクリ大学（l'Université de Gamal Abdel Nasser à Conakry）。これらをあらかじめ選んでおいてくれた。受講生はこれらの大学の三、四年生だった。できるだけ私の経費の負担が大きくならないように各大学が少しは配慮する手筈になっているということであった。

たしかに、ほとんどの食事を学長らが自宅に招待してくれて食費がかからなかった大学や、次の任地まで交通費の過半を負担してくれた大学、ゲストハウスにただで泊めてくれて滞在費を浮かすことができた大学など、先方もあまり大きな負担をせずに私の経費負担を減らしてくれた。

学生を惹き付けた授業

そして肝心の授業。各大学二〇〇人前後の学生が聴講した。いずれの大学でも大きな階段教室正面の埃だらけの白壁にパワーポイントに取り込んだスライドを映写し、それを下手なフランス語で説明していった。このためにノートパソコンはもちろんプロジェクターも日本から持参した。電圧の乱高下や短時間の停電でもなんとかしのげるように、現地で約一〇キログラムもある電圧安定器を調達した。

実はこれだけのことの全部を初めから一人で貫徹したわけではない。入国時は調査前の貴重な時間を割いて霊長研の大橋岳さんに同行してもらった。最初のファラナ大学では大橋さんに器具の操作や配線まで担当してもらった。二つ目のンゼレコレ大学の二日目以降は完全に私一人で遂行した。そして、恐る恐るだったが、何とかできた。

一一月の中旬からしばらくは完全な乾季である。サハラ砂漠から吹いてくるハルマッタンと呼ばれる砂嵐とともに、破れた窓やドアの隙間から砂埃は遠慮なく入ってくる。コンピューターの画面にうっすらと埃がかぶる。コンピューターやプロジェクターが耐えられるだろうかと心配だった。コンピューター関係はまあまあ切り抜けられたが、マイクを持っていないファラナ大学では二〇〇人近い学生と一〇人近い教員を相手に声を振り絞って下手なフランス語を繰り出さなければならないのは冷や汗びっしょりの重労働だった。

どの大学も黒板は埃とチョークの粉だらけ。しかもチョークは教室に常置しておらず、要求しなければ持って来てもらえない。次からはチョークと黒板拭きとしてのぬれ雑巾を持参することにした。少しでもきれいな黒板にできるだけ鮮明な字を書きたいから。

「卒業したら皆さんは否応なしに国際的な場で活躍しなければならない。好むと好まざるとにかかわらず英語が理解できなければ国際的な活躍の場は得られない。幸い、科学用語は英語とフランス語でほとんど変わらない」。そう言って学生たちに英語で書いたスライドを読むことを強要した。その英語を下手なフランス語で説明しながら授業を進めた。ときどきは冗談も織り込むよう心がけ、学生の気持ちを惹き付ける努力は怠らなかった。

誰にも分かるようにやさしく説明すること、非実学ではあっても多少は学生の将来や生活に関係しそうな話題を選ぶこと、そして笑顔で学生に語りかけること。これらのすべては直前まで教鞭を執っていた大学での経験から学んだことで、長い間勤務した京都大学ではあまり考えなかったことだ。

6＊学生たちの質問

質問攻めに遭う

毎日、講義の最後に質問の時間を設けることにした。講義中にも「どうしてこうなるんだと思う？ この結果は何を意味していると思う？」と自分で考えるように仕向けたあと、実際に数人に質問して答えを引き出そうとした。でも、残念ながら返ってきた答えを私が聞き取れない。もう少し聞き取りに慣れたらぜひ頻発してみたいことだが、こちらからの質問は最初の数回で断念した。「何？ もう一度言って！」を何度も繰り返しているうちにあちこちの学生から、「彼はこう言ってるんですよ」と声が出る。四方から言われたのではますます分からなくなる。パニックだ。そのうちに賢い学生は質問を紙に書いて持ってくるようになった。これだ！ 質問紙を宿に持ち帰り、辞書と格闘しながら読み下し、その回答を翌朝一番に紹介することにした。これは成功した。時間に余裕のあるときには理解度把握のために小テストも試みた（写真5－3）。ただし、彼ら独特の字体に慣れ、かつ、その意味を理解して答えをつくるのに多大な時間を要したことは言うまでもない。これは暗い電灯の下で、しばしば起きる停電のときは懐中電灯での夜なべ仕事だった。

私のために特別な授業時程を組んでくれて、朝の八時半から一二時まで。途中に休憩を入れた

写真 5-3　ンゼレコレ大学で簡単なテストをしているところ（2007 年 11 月）
前のほうは互いに体が触れ合うほどびっしりと詰めて座っている。

ので終わりは一二時をだいぶ回っていることが多かった。一二時近くなると暑くなり、学生もだらけてくるのでちょうど頃合ではあった。そして午後は二〇〇枚もあるテストの解答に対し、辞書にかじりつきながらの採点と講評の作成。終わればすでに北緯九度に夜が迫っているのが常だった。

考えさせられる質問の数々

質問の多くは講義内容に直接関わるものだったが、なかには学問の、あるいは研究者の本質に関わる厳しいものもあった。その中のいくつかを以下に紹介する。

質問A：ユネスコの世界危機遺産に指定されているニンバ山で鉄鉱石の採掘が始まろうとしているが、あなたは生態学者としてどう思うか。

回答：隣国のコートジボアール、リベリアにまたがったニンバ山脈は、その豊かな動植物相と同時に世界有数の鉄鉱石埋蔵量でも知られる。運搬手段が乏しいためにこれまで放置されてきたが、鉄需要の増大に伴って先進工業国の資本投入が活発になり、まもなく採掘が始まることに決まった。しかし、生態系が大事だからといって発展途上国の開発に待ったをかけるような発言は躊躇せざるを得ない。

鉄鉱石の採掘が生態系の破壊をもたらすのは当然だが、多数の労働者とその家族の移住に伴って商工業者や隣国の難民が流入し、森を伐採して家を建て、周囲の森を焼き払って畑をつくり、さらに森に入って密猟が横行するようになる。そんな周辺環境への影響こそ生態系破壊を無限に広げる危険がある。採掘と森林環境をしっかり管理すること、採掘のあとは生態系の復元に努めること。それらを全うすることこそ政府をはじめとする行政の責任である。私はそんなふうに答えた。

質問B：あなたはどうして霊長類に興味を持つようになったのか。霊長類学はどうして重要なのか。

回答：どうして興味を持つようになったかは正直に言った。もともと生物は好きだったし、社会にも関心があった。霊長類はこの二つの関心を合体させるのに格好の材料だったに過ぎない。しかし、誰もが貧しかった一九五〇年代の日本で就職のあてのない霊長類の研究を一生の柱に据えた単純な動機を、アフリカの学生に理解させるのは容易でなかった。歴史の上に乗った日本全体の高い文化程度を口にしても始まらないだろうから。

一方、霊長類学の重要性は日本でもしばしば問われる。しかしアフリカの学生にはそれだけでは通用しない。日本でなら「人間の本性とその由来を明らかにするため」でも納得してもらえる。彼らの最も関心の高いコンピューターは脳、空調のメカニズムは哺乳類の恒温性こそ到達すべきモデルであること、霊長類の生息こそ森林の健全性の指標であること。霊長類の体のつくりは最も人間のそれに近いので基礎医学の基盤になること、等々を説明して、基礎科学としての霊長類学を私は強調することにした。

質問C：（多くの動物で雄が雌をガードするという話の後で）あなたはアフリカで調査中に家族をどのように守っているか。

回答：単身赴任が当たり前に行われている日本と違い、家族を母国に置いて半年も一年も異国に滞在するなんて、男女関係の自由度が高いアフリカでは考えられないことのようだ。給料は全部渡してある、手紙も頻繁に書いている、妻を信頼している、と言う以上に私には説明の仕様がなかった。ふだんからもっと家族を大事にしておかなければならなかったようだ。

質問D：（南米のサルは流木に乗ってアフリカから渡ったらしいという話の後で）東南アジアの島々と

たいして離れていないのに、どうしてオーストラリアに霊長類はいないのか。

回答：ジャワ島のすぐ東にあるバリ島と、さらに東にあるロンボク島との間に深い海峡があり氷河期にも陸地化していなかったことが分かっている。距離はたった二〇キロメートルだが、たぶん海流は急な流れで流木が対岸に流れ着くことはなかったのだろう。カンガルーなどの有袋類とネズミ類を除いて、鳥類さえこの海峡を境に分布が著しく異なっている。そこでこの海峡は哺乳類や鳥類の分布を分ける意味でウォーレス線と呼ばれている。本当に流木が流れ着くこともない急な海流が間を閉ざしているのかどうか、調べてみないといけないね。

質問E：（脳の進化の話の後で）ますます知的な老人と急速に知能の衰えてゆく老人がいるのはなぜか。

回答：脳は使えば使うほどその機能が強化される。使って壊れることはない。生物学的には年齢進行につれて機能は低下傾向にあるが、学生たちの厳しい質問が私の脳の機能低下を抑え、むしろ強化しリフレッシュする。それは若者にとっても同じことだ。精一杯頭を使い新しい仕事を開拓しなさい。それに、付き合いを広め、コミュニケーションを多くするほど脳はますます活力を増す。そんな格好の良いことを言って締めくくった。

まだまだ刺激的で、思わず答えに詰まってしまうような、かつ最近の日本の学生からはついぞ

写真 5-4　ンゼレコレ大学で私の講義に出席した学生たちの一部（2006 年 12 月）
どの大学でも学生たちはみんな快活だ。

問われたことのない厳しい質問が頻出した。日本の学生に比べてアフリカの学生の思考の幅が広いことを痛感させられた次第である。そしてみんな元気だ（写真5－4）。

こんな危なっかしい講義だったが、それでも大好評だった。新しい学問に初めて触れた思いがしたらしい。ほっと胸をなでおろしたことは言うまでもない。

7*二年目の授業と効果

失敗に学ぶ

「来年もぜひ来てほしい」という大学の要望を受けて、二〇〇七年もほとんど同じ季節にファラナとンゼレコレの両大学で授業を実施した。前年の授業では英語のスライドで学生たちがいくらか困惑したので、今度は霊長研で研究しているフランス人のラウラ・マルティネスさんにスライドの全面的なフランス語化をお願いした。出発前日の夜までかかって奮闘し、最後まで翻訳してくれた。これは学生たちに大変好評だった。その後も新しい資料や記述を追加したので多少は危なっかしいフランス語も混じったが、大きな支障はなかった。

ところがいくつかの失敗があった。埃を一杯に浴びる中で機器を操作したことを、日本に帰ったらケロッと忘れてしまっていたのである。コンピューターもプロジェクターも、それなりの手当てが必要だった。もっとも、当面順調に動いているコンピューターにどのような手当てをすればよかったのか私は今でも分からない。

ファラナ大学での講義開始前日の予行演習では順調に機器は作動したのに、初日の冒頭で画面がプロジェクターに映せなくなってしまった。さらにいろいろ動かしているうちにすべてがストップしてしまった。地獄で仏の言葉どおり、コンピューターの操作に卓越した学生が登場して何とか当座の難関を切り抜けたが、初日は休講になり、恥ずかしい思いをした。実はこんなこともあろうかと持ち運びのできるハードディスクにテキスト一式を組み込んで持参していたのだが、先方の持っているコンピューターが私のプロジェクターに接続できないという。ノートパソコン一台と複数タイプの差込口を持ったＵＳＢケーブルぐらいは、予備を持参したほうがよいことを悟った次第である。

次のンゼレコレ大学でも前日の予行演習でプロジェクターの「ランプ切れ」が赤く点滅した。予備の電球を持参しておらず、「しまった」と思ったが後の祭り。翌日からはスライド提示なしの講義を覚悟の上で教室に臨んだが、前日のトラブルの本当の原因は電球切れではなくおんぼろ発電機の電圧不足だったようで、この崖っぷちも何とか切り抜けることができた。本当の原因ではなかったが、予備の電球ぐらいは持参すべきだった。予備電球でも同じトラブルが生じるのなら、その場で原因をもっと絞ることができたはずだ。

余談ながら、あれこれプロジェクターをいじくり回しているうちに、エアフィルターに埃の幕が層をなして付着しているのを見つけた。これこそ日本では数年に一度も起こらないような問題点だった。現地ではどんなトラブルが起こるか分からない。コンピューターや機械に堪能な若い人がついていてくれれば簡単に乗り切れるトラブルが多いのだろうが、器具が疲労してくるに従ってこれからはますますトラブルが多くなるだろう。

いずこも同じ

これまでに記してこなかったいくつかの問題点を挙げると以下のようだ。

私の持参した一〇キログラムの電圧安定器はあまりに重い。電圧の乱高下がない地域なら電圧安定器はかえって邪魔になるだろう。多少の変動がある地域でも五キログラム以内の小型の安定器ですむように思う。

マイクを用意してくれない場合を考えて携帯用マイクロフォンを持参するとよい。毎日数時間の充電が必要だが、一キログラム以内の安価な品でも一〇〇人程度の教室なら結構役に立つ。

これら多種類の電気・電子機器の持ち込みは空港の税関でチェックされると面倒だ。トラブルを避けるために、あらかじめ先方の役所から目的を明記した招聘状または職務内容証明書をもらっておくと問題なく通関できるだろう。

二年間で延べ五大学での講義を通じ、かつ、約千人の聴講学生に接して感じたことを以下に述べよう。

どの大学のどの教室でも授業中の学生の出入りはまったく放ったらかしだった。そっと出入りするならまだしも、靴音高くぞろぞろと授業中に出入りされるのは私にとってはもちろん、聴講中の学生にとっても迷惑だった。とくに休憩時間のあとの学生の集まりの悪さは目に余った。そこでこっちも一計を案じた。学生の半分は休憩などしないで続けてほしいと言う。だから休憩は最短時間にして、学生たちの喜びそうなチンパンジーの各種行動を記録した動画を見せることにした。これはいくらか効果があった。学生の集まりが多少改善したのである。休憩後の不愉快なだらけは低下した。

最近のアフリカでの携帯電話の普及は目覚しいものがある。町を歩いていてもそこら中で呼び出し音が鳴り、話し声がする。それがそっくりそのまま教室に持ち込まれている。これは日本のFランク大学並みにひどい。授業妨害も甚だしい。ただし、ピコピコ鳴らせてこちらから発信している学生はいなかった。この問題に対する対応策は、授業の初めに電源を切っておかなかった学生を教室から追い出すぐらいしか考えられなかった。

しかし半数以上の学生はきわめて熱心で、スライドに写された文字はすべて書き取ろうと頑張っている。私は、「よく聞いて必要な事項の要約だけを書き取りなさい」と指示するのだが、あまり効果はなかったようだ。これも最近の日本の学生とまったく同じ様相である。違いは、あとからしっかりと自分のノートを読み返していることだ。なお、こういう学生たちのために、一度提示したスライドはしばらく変えないことが大事だ。そしてすでに書き終えた学生に空白の時間をつくらないように、追加の説明や余談をあらかじめ用意しておいたほうがよい。

日本の大学では複雑な図表だけをあらかじめコピーして学生に配布していたが、一五〇枚を超える図表のコピーを四〇〇人を超える学生分も日本から持参することはできず断念した。聴講学生が少なければもう少しサービスを増やすことができるように思う。

8＊これからの教育参加をどう進めるか

後継者育成も視野に

日本の大学教員なら誰もがしているように、ふだんの授業から関心を高めた学生をピックアップし、その中から後継者を養成するのはきわめてオーソドックスな教育兼後継者育成方法だろう。もちろん、授業を受けた学生がやがて社会に出て問題に直面したときに、この授業を思い出しながら対処法を考えてほしい。日本でしているのとまったく同じ意義と効果を期待すればよいだけのことである。

そしてそのうちに卒論の相談がやってくるようになった。必ずしもボッソウのチンパンジーばかりではない。こんなことをしたいのだが、という相談にできる限りの示唆を与える。そのテーマをボッソウのチンパンジーでやってみたらどうかと勧誘することもある。ただしこの場合は現場で協力してくれる人が必要である。

教育貢献の利点

さらにもう一つの大きな効果がある。対応する役所に双眼鏡やカメラ、コンピューターやコピー機を贈呈しても、いつの間にか役人の私物になってしまって不愉快な思いをすることが多い。その点で教育参加は私物化のしようがない。実に効果的な現地貢献といえる。さらにその上の余禄。強硬だった経済的貢献要求がほんの少しだがマイルドになる。そして調査隊全体の研究が滑らかに進行するようになる。彼我の連携関係がさらに強固になるからだ。

決して楽な仕事ではない。そして誰にでもできる役割ではないだろう。しかし一チームから一人選んでその隊員を中心に進めればすむことである。もちろん全隊員の協力が必要だ。そして何よりも資金の調達が重要だ。現地の役所や大学から国際航空運賃まで出ることはまず期待できないからだ。

私は教育貢献そのもののために渡航したが、調査の帰りがけなら講義日数プラス一日分程度の滞在費が増えるだけのこと。むしろ資料の収集や機材のアレンジ、コンピューターへの入力、翻訳などの準備に調査隊員各位の協力が欠かせない。また、現場での卒論指導もみんなが少しずつ力を出し合わなければならないだろう。私の場合は先方からの提案で始まったが、こちらから言い出してもよいのではなかろうか。できる範囲の協力をしてくれれば基本的費用はこちらで負担すると提案すれば、喜ぶ相手が多いのではないかと思う。

9＊あらためて現地貢献について考える

日本の各海外調査隊の現地貢献の実態

大学教育に参加するようになって、よその調査隊はどのような形で調査実施国に貢献しているのだろうか、関心が高まってきた。そこで、霊長類を主対象とした海外調査で長期間継続している調査隊の最近の責任者と思われる方々に、研究報告、教育および後継者養成についてどんな取り組みをしているかアンケートを送って調査し、結果を簡略化して表5－2に掲げた。初めは自分が始めた大学教育を中心に尋ねたつもりだったが、いろいろな貢献の仕方が実施されていることを知るに及んで、これは多くの人が知って自分たちのケースにうまく合った方法を利用させてもらうのがよいのではないかと思うに至った。

調査開始後数年の場合はまだ現地貢献活動が少ない調査隊もあるようだが、一〇年を経過した調査隊は、先方の要求もあるだろうが何らかの現地貢献の方策を探っている。とくに行動・生態関係は対象動物とその環境の存続が関わるだけに、森林保全や環境教育などへの努力がなされているようだ。一方、研究成果の紹介や講演は多くの調査隊が実施しているが、それ以上の教育にまで踏み込んだ例は少ない。こうした活動を通じて優秀な後継者が広い裾野をもって育ってゆくはずだ。

アジアは全般的に教育程度が高いので、大きな落差なくすんなり入っていけるようだ。たいていの国は英語でコミュニケーションが可能だ。おまけに近いという地の利があるので派遣も招待も実績が多い。そしてその後の社会的地位も順調に向上している例が多いようである。その一方、アフリカではどの調査隊も多大な苦労をしている。なかでも化石発掘関係は、関連分野が大学内にない、だから後継者候補が存在しないなど、難しさは倍加しているようだ。

なお、指導人数は指導の程度によって少なめに書かれた方も多めに書かれた方もあり、現地後

表 5-2　海外調査隊の現地後継者教育養成への取り組みに関するアンケート結果

情報提供	国名	年数	分野	人数	選択	指導方法	講演	講義	後継者活躍部署（地位）	その他の調査国寄与
和田一雄	中国	22	生態	23	C1,H1	現地・招聘	13	1	所属長	
渡辺邦夫	インドネシア	32	生態	9	C7	現地・招聘	4		大学教員 , 開発銀行	
浜田穣	タイ他	10	生態	10	C10	現地・国費	4		大学教員 , 担当官庁	環境教育
高井正成	ミャンマー	10	形態	2	C1	国費・私費	3		未	
杉山幸丸	インド	9	生態	1	H1	国費	6	1（100）	大学教員 (没)	
森明雄	サウジアラビア	10	生態	1	C1	現地・招聘			担当官庁	
森明雄	エチオピア	8	生態	1	C1	現地・国費	1		大学教員 , 担当官庁	
小山直樹	マダガスカル	24	生態	2	C2	現地				
中務真人	ケニア	5	形態	2	C1	現地	1		(国内就職困難)	
西田利貞	タンザニア	42	生態	1	H1	国費・招聘	19		国立公園職員	国立公園建設 , 奨学金
橋本千絵	ウガンダ	10	生態	3	C3	現地			大学教員	エコツリズム NGO 設立 , 指導 , 教育
古市剛史	コンゴ民主	33	生態	8	C1				研究所長 , 主任	私設奨学金 20 人
山極寿一	コンゴ民主	20	生態	4	C1	現地・招聘	3		所長 , 部長 , 研究員 ,NGO	
山極寿一	ガボン	12	生態							
杉山幸丸	ギニア	31	生態	10	C6,H4	現地 , 国費	8	5（1000）	NGO, 研究員 , 大学教員	環境研設立 , 学校建設 植林 , 住民環境教育
中川尚史	カメルーン	22	生態	1	C 1	現地			担当官庁	
高井正成	コロンビア	13	形態				2			
高井正成	ボリビア	6	形態							
伊沢紘生	コロンビア	25	生態			現地・招聘	80	2（800）	官庁 3, 大学 2, 保護 6 中高教員 11	環境教育 , 研究所設立 卒論用英文誌発行

年数：調査継続年数 (中断も含む)。
人数：被指導者数。
選択：C は対応官庁、大学の紹介；H は本人の応募
指導方法：国費は日本政府負担の国費留学、招聘は国際シンポ等に日本の費用で呼び寄せ、現地は共同研究員として現地指導
講演・講義は 3 時間以内の講演・講義と 3 時間以上の講義の別。カッコ内は受講者総数。

継者がもともと学生だったり有職者だった例もあるので、すべてが同じスタートラインから出発しているわけではない。そんなことも勘案しながら表を見ていただければ幸いである。

外国の調査隊の貢献方法

ところで外国の調査隊はどうしているのだろうか。

ウガンダ・キバレの森でチンパンジーの調査を進めているリチャード・ランガムさんの隊では、現地マネージャーの一人にウガンダ人が採用されているそうだ。もちろん大半の隊で調査国の若手研究者が共同研究員として参加している。その他にもいろいろな形で現地国の研究・教育の充実育成に貢献しているようだ。しかし、現地国の大学教育に直接関与した例は他にないのではないか（WC McGrew さん 私信）。調査対象国への貢献の一つの方法として推奨したいと思う。

フィールド研究と現地貢献とは切り離せない

なお、この章の一部を『アフリカ研究』に投稿したとき、最初の査読者の一人から「偏見、推測……などの記述が目に付く」として掲載拒否の判断が下された。ギニアとその大学の物質的貧しさの記述に腹が立ったのだろうか。しかし、「服従よりも貧困の中の自立を選ぶ」と宣言してフランスから独立した当時のセク・トゥーレ大統領の言葉に対し、「セネガルやコートジボアールのようにもう少しうまく立ち回ってもよかったのではないか」という気持ちと同時に、理想に邁進する態度に羨望とまぶしさを感じるのだ。学生たちの元気はこの基本姿勢の誇りに由来すると私は（勝手に）信じている。だからギニアが好きなのだ。さもなければ仲間の研究費を差っ引いてまでして、一文にもならない出前出張講義などのためにエコノミークラスの狭い座席に縛りつけられながら地球の裏側まで出かけられるはずもない。

ここでもまた、霊長類学とは直接関係のないところまで踏み込んでしまった。しかし霊長類学に限らずフィールド研究では、国内では調査地への、国外では調査国への貢献は研究に常について回る必須の項目である。そしてそれは、品物をあげればすむというものではない。文部科学省をはじめとする関係官庁も含め、一般の人々にもこのことを理解していただきたいと思う。

参考図書

本文では原典の著者名と発表年のみを示したが、そのうち一般読者にも入手可能と思われる日本語の単行本を以下に挙げた。英語で書かれた原典は和訳または同一著者による関連の和訳書を挙げた。外国人名も姓を冒頭に記した。

ドゥワール フランス（西田利貞訳）『政治をするサル』（どうぶつ社、一九八四年）

グドール ジェーン（杉山幸丸・松沢哲郎監訳）『野生チンパンジーの世界』（ミネルヴァ書房、一九九〇年）

伊藤嘉昭編『動物社会における共同と攻撃』（東海大学出版会、一九九二年）

長谷川寿一・長谷川真理子『進化と人間行動』（東京大学出版会、二〇〇〇年）

羽山伸一『野生動物問題』（地人書館、二〇〇一年）

フルディ サラ ブラファー『女性は進化しなかったか』（思索社、一九七二年）

今西錦司『都井岬のウマ（日本動物記1）』（光文社、一九五五年）

今西錦司『自然学の提唱』（講談社〈学術文庫〉、一九八六年）

伊谷純一郎『高崎山のサル（日本動物記2）』（光文社、一九五四年／二〇一〇年講談社学術文庫より再刊）

伊谷純一郎『霊長類の社会構造』（共立出版、一九七二年）

伊谷純一郎『自然の慈悲』（平凡社、一九九〇年）

伊谷純一郎『サル・ヒト・アフリカ』（日本経済新聞社、一九九一年）

伊谷純一郎・塚本学・篠原徹『江戸とアフリカの対話』（日本エディタースクール出版部、一九九六年）

伊谷純一郎・徳田喜三郎『幸島のサル（日本動物記3）』（光文社、一九五八年）
伊谷純一郎・池田次郎・田中利男編『高崎山の野生ニホンザル』（勁草書房、一九五四年）
伊藤嘉昭『動物の社会：社会生物学・行動生態学入門』（東海大学出版会、一九八七年）
河合雅雄編『人間以前の社会学：アフリカに霊長類を探る』（教育社、一九九〇年）
川村俊蔵『奈良公園のシカ（今西錦司編：日本動物記4）』（光文社、一九五七年）
クレブス ジョーン・デイヴィース ニコラス（城田安行・上田恵介・山岸哲訳）『行動生態学を学ぶ人に』（蒼樹書房、一九八四年）
水原洋城『日本ザル』（三一書房、一九五七年）
森梅代・宮藤浩子『ニホンザルメスの社会的発達と社会関係』（東海大学出版会、一九八六年）
西田利貞『人間性はどこからきたか』（京都大学学術出版会、一九九九年）
西田正規・北村光二・山極寿一『人間性の起源と進化』（昭和堂、二〇〇三年）
杉山幸丸『ボッソウ村の人とチンパンジー』（紀伊国屋書店、一九七八年）
杉山幸丸『子殺しの行動学』（北斗出版、一九八〇年／一九九三年講談社学術文庫より再刊）
杉山幸丸『野生チンパンジーの社会』（講談社現代新書、一九八一年）
杉山幸丸『サルを見て人間本性を探る』（農山漁村文化協会、一九八四年）
杉山幸丸『サルはなぜ群れるのか：霊長類社会のダイナミクス』（中公新書、一九九〇年）
杉山幸丸『アフリカは立ち上がれるか』（はる書房、一九九六年）
杉山幸丸『サルの生き方ヒトの生き方』（農山漁村文化協会、一九九九年）
杉山幸丸編『霊長類生態学：環境と行動のダイナミズム』（京都大学学術出版会、二〇〇〇年）
杉山幸丸『進化しすぎた日本人』（中公新書ラクレ、二〇〇五年）

杉山幸丸『文化の誕生：ヒトが人になる前』（京都大学学術出版会、二〇〇八年）
杉山幸丸・相見満・斉藤千映美・室山泰之・松村秀一・浜井美弥『リルの百科』（データハウス、一九九六年）
高槻成紀・山極寿一編『日本の哺乳類学』（東京大学出版会、二〇〇八年）
和田一雄『霊長類の保全学』（農村漁村文化協会、二〇〇八年）
ウィルソン エドワード（伊藤嘉昭ほか訳）『社会生物学（全5巻）』（思索社、一九八三−八五年）
山極寿一『家族の起源』（東京大学出版会、一九九四年）

＊なお、英文も含めてすべての引用文献（七ページ）をご希望の方は90円切手貼付の返信用封筒同封で左記に請求していただければお送りします（ただし、海外調査のため遅延する場合あり）。
〒484−0081　犬山市犬山北別祖23−3　杉山幸丸

あとがき

自分の研究人生のすべてを霊長類学に費やそうと初めから考えていたわけではなかった。大学院修士課程の頃、まだ開発初期の大きなノクトビジョン（暗視装置）を背負って京都郊外の嵐山で日が暮れてから夜半までイノシシを観察したこともあった。しかし、結局、五〇年もの間、霊長類の研究を続けてきてしまった。

初めの頃は若手研究者が自分で練った計画を実行できる経済状況ではなかった。高崎山もインドもアフリカとの関わりも、与えられた環境に必死に食らいついて成果を挙げなければ次につなげられない時代だった。それでも志を大きく、かつ、広く持つことは可能だったように思う。言い換えれば、若気の至りも含めて到達の目途のない大風呂敷を広げるということである。お金はなかったが時間はたっぷりあったということだ。

若手研究者が自分の思い通りにいくらでも海外調査を遂行できる時代をうらやましいと思い、自分の若い頃にもう少しお金の自由度と余裕が欲しかったと思う。その一方で、目前の競争に駆り立てられて大きな目標なしに、他人の立てた理論をほんのちょっとだけ修正したり、小さなデータを付け加えただけで、もちろんそれも大事だが、次々と論文を書いてゆかなければならないあわただしい現状を気の毒にも思う。競争は進歩にとって大きな刺激になるが、過度の競争が大局を見失うことは生物の進化が教えるところだ。

大学院は自ら志望して生態学の研究室に入った。助手に任官したときは自然人類学研究室だった。サルの研究の独自性が認められて設立された講座だった。そのとき、池田次郎助教授から「サルの研究をしていれば人類学だというわけにはいかない」と注意された。そのとおりだった。私は人類進化の観点から人間との比較でサルを見ようとしてきた。それまでの不勉強を恥じながら人類学の勉強を志した。そして京大霊長研に移ってからのことは第二章に書いたとおりであり、ふたたび生態学に戻った。

一貫して人間以外の霊長類の研究をしてきたわけだが、所属する研究室の方針と任務に応じて視点を変えてきて良かったと思っている。本当ならもっといろいろな分野を通ってくるべきだった。そこで、教授になってから私が引き受けた大学院生には必ず他の先生の指導も仰ぐようにと指示した。DNA、ホルモン、カロリーなどの分析手法を身に付け、それぞれの分野の考え方に通じた者が何人もいるし、心理学や神経科学や形態学の教官に指導を受けた者もいた。幸い霊長研には多岐にわたる分野のエキスパートがいて助かった。今、それぞれが複数の分野にまたがって活躍している。恥ずかしながら観察だけしかできないのは、どうやら私だけになってしまったようだ。

私は、常態だけでなく非常態も大切だとは考えてきた。でも、自分からわざわざ例外を探してきたわけではなかった。本当は陽の当たる王道を闊歩したかったはずなのだが、いつの間にか裏道を歩いていたようだ。おかげで裏道も表道も冷静に見ることができたように思う。

自然科学の研究はほんの小さなチャンスを大きく膨らませることができるか、小さなチャンスだけで締め括るか、その小さなチャンスさえ気がつかずに通り過ぎてしまうか、研究者自身とその属するグループの力にかかっている。その力は持って生まれた能力もあるが、はるかに大きく研究環境が関わっている。どうやってその環境を育んでいくかは各人の努力、なかでもリーダーのそれによるのだと私は考えている。

どんな努力をしたらよいのかをここで書いてきたつもりだ。私にとってうまくいったこともあったし、失敗だったこともあった。あとに続く人たちに前者の轍を見極めてほしいと願っている。

チンパンジーはわれわれ人間と遺伝子レベルで一・二三パーセントしか違いがない。もちろん、人間として見ることによってよりよく理解できる側面もあった。しかし私は本文にも記したように、基本的に生物として、生物学の基本に立脚して対象を見つめてきた。誰だっていくらかの偏りは避けられないにしても、そこから外れる側面があることにも注意を怠らなかったつもりである。

視野を広げるという意味でもう一つ気になることがある。突出して霊長類の研究が発展したために、膨大な成果が読みきれないほどの論文になって世に出た。こうして生物学、考古学、文化人類学などの近隣分野の動向に疎くなってきた傾向がある。時には歩みを止めてでもあたりを見渡すゆとりがほしいと思う。冒頭に霊長類学は若い学問だと書いた。しかし、「人間が作ったものので半世紀以上有効なものはない。にもかかわらず人は過去の成功体験からなかなか抜け出せない」（P・F・ドラッカー）そうだ。自戒を込めて、さらに視野を広げ失敗から学ぶ謙虚さを持ち続けたい。

いちいちお名前を記しきれないが、これまで私を育て、支えてくださった多くの方々に深く感謝する。本書を作成するにあたり、粗稿の第一章は栗田博之さんが、第二、三、五章は佐倉統さんが読んで厳しくコメントしてくださった。相見満、大橋岳、栗田博之、中川尚史、中道正之、Sarah Blaffer Hrdy、Crickette Sanz、清水慶子のみなさんからは貴重な情報と資料の提供を、また助言と意見をいただいた。他人のコメントは厳しいほど貴重だと、つくづく思う。とくに記してお礼を申しあげる。

最後に、私の勝手な生き方を温かく支えてくれた母と兄たち、そして妻に感謝したい。

二〇〇九年

杉山 幸丸

著　者

杉山幸丸（すぎやま・ゆきまる）

1935年旧満州新京生まれ。1963年京都大学大学院理学研究科博士課程修了。理学博士。京都大学理学部助手、霊長類研究所助教授を経て教授。1996年より所長。1999年退官。2000年より東海学園大学教授。2004年まで人文学部長。2006年退職。日本霊長類学会会長、日本生態学会中部地区会長、ギニア共和国高等教育科学研究省招聘教授を歴任。

著書に『ボッソウ村の人とチンパンジー』（紀伊国屋書店、1978年）、『子殺しの行動学』（北斗出版、1980年/講談社学術文庫、1993年）、『野生チンパンジーの社会』（講談社現代新書、1981年）、『サルを見て人間本性を探る』（農山漁村文化協会 、1984年）、『サルはなぜ群れるのか』（中公新書、1990年）、『アフリカは立ち上がれるか』（はる書房、1996年）、『サルの生き方ヒトの生き方』（農山漁村文化協会 、1999年）、『崖っぷち弱小大学物語』（中公新書ラクレ、2004年）、『進化しすぎた日本人』（中公新書ラクレ、2005年）、『文化の誕生』（京都大学学術出版会、2008年）など。

私の歩んだ霊長類学

二〇一〇年五月二〇日　初版第一刷発行

著　者　杉山幸丸

発行所　株式会社はる書房
〒一〇一－〇〇五一　東京都千代田区神田神保町一－四四　駿河台ビル
電話・〇三－三二九三－八五四九　ＦＡＸ・〇三－三二九三－八五五八
http://www.harushobo.jp/

装　幀　吉田葉子

組　版　閏月社

印刷・製本　中央精版印刷

ISBN 978-4-89984-114-2　C 0045